5G革命

陈志刚 ◎ 著

CNS PUBLISHING & MEDIA 湖南文艺出版社 HUNAN LITERATURE AND ART PUBLISHING HOUSE 博集天卷 CS-BOOKY

图书在版编目（CIP）数据

5G 革命 / 陈志刚著 . —长沙：湖南文艺出版社，2020.6

ISBN 978-7-5404-8804-8

Ⅰ. ① 5… Ⅱ. ①陈… Ⅲ. ①无线电通信—移动通信—通信技术 Ⅳ. ①TN929.5

中国版本图书馆 CIP 数据核字（2020）第 044570 号

上架建议：经济通俗读物

5G GEMING

5G革命

作　　者：陈志刚
出 版 人：曾赛丰
责任编辑：刘雪琳
监　　制：秦　青
策划编辑：曹　煜
文案编辑：停　云
营销编辑：吴　思
封面设计：潘雪琴
内文排版：麦莫瑞
出　　版：湖南文艺出版社
（长沙市雨花区东二环一段 508 号　邮编：410014）
网　　址：www.hnwy.net
印　　刷：三河市百盛印装有限公司
经　　销：新华书店
开　　本：680mm × 955mm　1/16
字　　数：223 千字
印　　张：20
版　　次：2020 年 6 月第 1 版
印　　次：2020 年 6 月第 1 次印刷
书　　号：ISBN 978-7-5404-8804-8
定　　价：59.00 元

若有质量问题，请致电质量监督电话：010-59096394
团购电话：010-59320018

自 序

以5G为代表的新一轮技术周期已经到来。

有时候我们很难看清那些可能会有重大影响的事件，又很容易高估某些并没有重大影响的事件。

“是否有重大影响”可以从两个尺度进行观察，一个是时间的尺度，一个是空间的尺度。

时间的尺度会告诉我们发生的事件是否能够沉淀下来形成我们维持人类存续所需要的优势基因，空间的尺度则表明这样的事件是否具有全球跨文化的共通性，能够跨越文化、国界、种族而被广泛地采纳。

多年的行业经验和专业训练的直觉告诉我：5G的诞生和普及，意味着一个可以被列为有重大影响的新一轮技术周期已经启动。上一轮技术周期以计算机、移动通信和互联网为代表，推动了全球信息和知识的传播，为全球几十亿人消除了数字鸿沟，促进了经济和社会的公平发展。

5G诞生之前，很多新的信息技术已经做了多年储备，云计算、人工智能、物联网都在很多行业获得发展和应用，取得了很多成绩。但是我们看到，这些技术始终难以跨越大规模普及应用的门槛，其根本原因在于这些技术都处于技术孤岛的状态，“孤岛”是指云计算等技术的应用无法满足人们跨层级、跨组织、跨地域、跨时间的无所不在的服务需求。

记得我刚刚进入移动通信行业，听到的第一个词就是“三随”：随时、随地、随身。这是描述通信行业所追求的通信普遍服务目标。从本质上看，云计算、人工智能都属于“计算”的范畴，物联网属于“连接”的范畴。作为一种能力，在5G之前，“计算”能力无法真正地实现在时间、空间、人、机器（Things）之间的分配，去满足“任何地点、任何时间、任何人、任何物”之间的计算+连接的需求。我们越来越需要实时性，比如，实时的视频分析帮我们提高工厂的产品质量，实时的数据分析帮我们提前预测和决策。这种实时性基于两个前提：一是我们能够拥有足够的数据，尤其是实时动态的数据，帮我们尽可能地建立有关所要关注对象的画像；二是我们需要强大的计算能力来帮助我们分析处理这些数据，并给我们提供正确的建议。

在5G之前，这两个前提是两条不可能相遇的平行线。比如，功耗决定我们无法对移动状态的设备进行持续的数据采集。我们无法掌握这些设备或物品的位置、状态、轨迹，无法与它们保持不间断的连接。同样受限于功耗，在某些场景下，无法为某些终端或者服务提供足够强大的计算能力。

5G则是原生用来解决这些问题的新技术。比如，5G可以提供每平方公里百万的连接，夸张点形容就是：如果我们愿意，每粒沙子、每只蚂蚁都可以上网。5G还特别设计了移动边缘计算技术（MEC），用在为某些场景提供随时可获得的计算能力。在我看来，原本以技术孤岛存在的技术，在5G出现后，突然有了连接各个孤岛的船，让这些孤岛可以真正地连接起来，此后，孤岛之间的水会被数据的土代替，逐渐长成一片新的大陆。

如果我们能够对人类历史上因为交通工具的进步和信息传输能力的进步所带来的巨大好处略做回想，就应该认同5G所提供的大带宽能力、大连接能力和低时延能力将会对每个行业产生巨大的影响，这种影响是基础层面的、结构性的、长期性的。这种基础性将表现在三个层面：一是为了一切人和物都将永远在线；二是连接、计算、智能将融为一体，数据成为生产力的主导资源；三是个人和组织一切管理、选择、决策、认知都将基于数据和人工智能的辅助甚至是自主决策。

这一波新技术周期的到来将会改变每个人、每个组织、每个行业、每个国家。个人行为方式、组织行为结构、管理模式、应对风险的方法，尤其是对商业组织来说，改善竞争地位的方法都会随着5G的到来发生质的变化。

以上，可以算作写作这本书的初心。当然，直接原因是与张缘老师的一次交流，这让我意识到，的确需要写一本有关5G的书，从商业组织的视角给各个行业的管理者、技术管理者提供这一波新技术周期下有关利用5G等技术改善竞争地位和组织绩效的方法论、观点以及案例。因此，在本书的写作过程中，我试图提供一种更为一般的分析结构和框架，利用这种分析结构和框架，读者可以应用到自己公司、组织、产品中。这本书的整体逻辑是按照三个层面进行展开的，在第一篇中，我为读者梳理了5G来临之后新的商业逻辑的变化，如你们即将在书中看到的，提出了四个观点：生产即消费，产品即服务，数据即资源，平台即组织。在我看来，这是商业逻辑底层的变革，这种变革必将影响我们的经济和行业的结构，也会重新定义每个行业的竞争优势要素以及每个商业组织在竞争激烈的市场中改变、构建、优化竞争力的方式和方法。还是在本篇中，我系统性地提出两个一般性方法论：如何利用5G获得竞争优势；如何利用5G开展创新。竞争优势和创新是任何组织长期发展的核心思考命题，新的技术也会给组织的竞争优势带来新的机遇或者通过行业创新的方式破坏原有组织的优势。而在我看来，一定存在一个普适性的一般方法论适用于每个行业和组织，这是我写作本书的目标之一。学者们在创新领域提供了很多方法论，我对加里·哈默尔（Gary Hamel）的商业模式创新特别喜欢。因此，我按照哈默尔的商业模型系统地分析了5G如何提供商业模式创新，这也是我认为本书最有价值的部分之一。我相信每一位读者和行业同人也会从中获得启发。

如果只是提供一般性的工具，我知道还远远不够，人们理所当然地希望作者能够提供一些实操性建议或者能够拿来就用的方案。利用我自己提供的分析结构和方法论，我为工业制造、智慧城市、交通、医疗、教育、数字经济、数字政府、零售、农业等垂直行业如何应用5G提供了非常详细的建议，这其中有关如何降低成本的建议，如何开展产品创新的建议，如何改善与客户的关系的建议，以及全球范围内一些已经应用的案例。对这些行业的从业者来说，这本书可以作为一本实操性的指南，在这些章节中提出了针对性的操作建议。这些建议我称之为“5G应用指南”。另一个我自己非常满意的地方是，我建立了一种5G与垂直行业融合的一般性分析结构和方法：基于企业活动目标的分析框架和基于企业生态圈的分析框架。这两个框架是一个硬币的两面，在应用的时候需要融合应用，不应该单独使用。只不过在企业的内部价值链分工中，不同的职能部门，可以分开独立使用这个分析框架。而我自己在写作本书的过程中，也是严格按照我所建立的一般性分析框架展开的，极大地节省了我的分析时间。

当然，5G离不开电信运营行业。作为5G基础设施的提供者和运营者，全球的电信运营商都面临巨大的挑战，如何抓住5G的机遇，避免在互联网时代再次出现失去的十年，需要每个电信行业从业者思考并躬身而行。这也是为何在本书中我花了整整一篇的篇幅分享电信运营在5G时代的转型与货币化的问题。在我看来，电信运营商们需要意识到行业基础的逻辑发生了变化，包括“增长的逻辑是什么”“什么是核心资产”“难道还是网络资产吗”“数字经济时代的价值链网络需要怎么构建”。这些问题都是电信运营商需要直面，并且刻不容缓要回答的问题。面对这些时代的课题，我对电信运营商的转型路径和新的战略定位给出了自己的思考。每个电信行业的从业者都意识到有两个创新非常重要：商业模式创新和产品创新。这也是我在本书中给出的部分方法的内容。在本书中，我想着重提醒的是，5G时代的商业模式创新和产品创新必须是与客户和行业伙伴协同的创新。运营商们必须更懂行业、更懂客户。

在鼠年来临之际，我们正在遭遇新冠肺炎的肆虐，5G、大数据、人工智能、物联网、云计算等新的技术正在加速应用。用科技替代人力，技术普及和应用创新将会进一步加速5G的应用，科技应该发挥自己应有的价值。希望这本书也能够为行业创新做一点贡献。

最后，我希望这本书能够成为时间的朋友，案例可能会过期，但是方法论、思想和思维模式可以沉淀下来，共同拥抱新一轮技术周期，解决我们这个时代需要解决的课题和命题。

Contents **目录**

第一篇 5G 开启数字经济新时代

第二篇 万物互联的 5G 与垂直行业的融合

Part Three 第三篇 5G 时代，电信运营的转型与变现

Part One

第一篇

5G 开启数字经济新时代

5G时代的机遇与挑战

5G商用正式开启

中国选择在2019年6月6日正式发放四张5G牌照，我认为是一种“综合理性”考量之后的结果。赶在上半年结束之前发放5G牌照，且一次性发放了四张，这超出了大部分人的预期。2018年12月左右，工业和信息化部（以下简称“工信部”）还曾对外说发布试商用牌照，且在2019年3月释放择机发放牌照的信号。

只不过没有多少人会预料到工信部在2019年上半年一次性发放四张牌照，因为整个产业链都在等待18个试点城市的试点结束。在很多资深业内人士看来，在此之前，产业链应该优于发牌照，因为终端成本高昂，合适的发牌时间应该是在2020年年初。

不过，这或许是一种理性的误判——纯粹经济动物思维的误判。因此，我认为工信部此时发放5G牌照是“综合理性”的决策。所谓“综合理性”是指权衡全球5G发展格局、竞争态势、时局形势之后的选择。这种选择从任何单一角度，如技术成熟度或经济成本视角分析都会令结论有失偏颇。

对中国5G产业链来说，市场需要一种突破，以加速发展应对不确定性。在规模试验基本完成的情况下，提前发放5G牌照是非常重要的，也是至关重要的选择。通过发牌，监管层提前消除了产业的不确定性，力促中国5G产业链发展的意图非常明显，其核心在于放大和释放中国市场力量的决定性作用和创造良好的制度环境，而这一点从工信部在5G发牌的官方声明中也体现得十分明显。在这个考量中，非常明显的是产业发展是管理层关注的重点，只有在产业的供给侧完成改革，才能真正地解决需求侧（用户）体验的问题。这也是一种综合理性，在两难选择中，你总要选择一边，那么，本着长期收益最大化的原则，首先促进5G供给侧的发展是符合公共利益的。

在这种情况下，中国整个5G产业链需要思考的是“如何顾全大局”，所谓“大局”，指的是整个产业的利益和发展，而不是一家之得失，更不是谁比谁速度快的低层次竞赛，也不应该是上下游伙伴之间的信口承诺。如何形成市场的合力，让中国市场的力量真正地对全球5G产业链形成积极正面的推动力，是整个中国5G产业链需要思考的哲学问题，否则5G牌照提前发放的意义在哪里？

中国发放5G牌照之后，将对5G技术全球市场形成一种确认机制，全球供应链的可靠性将面临一次检验和选择。

5G是全社会通用技术

5G是一种通用技术，就像电力一样。在某种意义上，5G商用可以分为大商用和小商用，小商用即传统意义上的电信运营商被许可正式开始网络建设和运营；大商用是各个行业与5G的深度融合。

从这个角度来看，5G的成败就不再是电信运营商一家的事情，而是整个社会的事情。对各个行业而言，或许也应该有一个5G商用的路线图。从目前阶段来看，已经充分意识到5G+未来前景的行业包括自动驾驶、视频、工业制造、互联网等。因为在这些行业里，国际和国内的技术组织、产业联盟、国家行业发展指导意见都已经把5G作为最重要的技术要素纳入技术演进规划之中，并已经开始积极地推动产业试点。

5G商用之后，电信运营商、5G设备制造商、行业组织、国家标准化机构、产业技术联盟应该协同起来。各方首先应从技术和标准层面解决5G与行业融合的问题，审视和检查现有的行业技术标准，并展开讨论。或许在建筑行业、智慧城市、电力行业、交通行业、制造行业等成立某种新组织是必要的。整个社会需要意识到，如果我们不首先从技术规范和标准层面展开严谨、认真、系统的讨论和研究，并更新本行业的规范体系，5G与行业的融合将是一个不可能实现的梦。

每个行业领导厂商的首席执行官（CEO），是的，不是首席信息官（CIO），需要考虑5G到来之后对自己的市场地位和业务的挑战。如果观察每一代信息技术的进步，我们会发现，对行业巨头的最大影响因素是社会性关键技术的周期更替。以通信行业为例，已经消失的巨头就包括北电网络、摩托罗拉。传统行业巨头在新技术的冲击下被淘汰的例子更是比比皆是。

当然，无论是首席信息官还是首席执行官，最重要的事情是需要为5G储备相应的人才，把5G人才的招募和培训提上议事日程，并为每个业务部门准备好相应的预算。

很显然，政府部门是推动5G发展的关键力量之一。对于5G，如果我们同意它是像电力一样的通用技术，我们可以回忆一下2019年国家大力推动的煤改电，政府部门提供了政策指引和财税补贴以加快煤改电的进程，那么我们或许可以呼吁对5G的采纳，出台相关的财税扶持政策是必要的。这是一种技术指引，你可以把5G看作一种技术改革，提供资金补贴是合适的，也是必需的。其最终目标是政府通过财税政策为整个社会的经济发展提供一种倾向指引。

中国广电成为5G新玩家

700 MHz频段的问题始终悬而未决，5G发牌这一问题却得到了根本性的改变，为中国广电提供一张5G牌照是中国智慧。

笔者早在2018年就撰文呼吁700 MHz给广电是一件天大的好事，原因如下：一是在竞争模式上，由于脱胎行政体制，我相信国网的5G玩法将与三大电信运营商纯市场化的玩法截然不同，这在一定程度上有利于三大运营商的创新和学习；二是此举将扩大中国5G市场的规模，对中国电信设备制造商有利；三是对用户有利，他们可以感受到市场化和非市场带来的丰富多彩的全新服务体验。

为中国广电提供一张5G牌照，至少有三个意义：

一是能够扩大中国5G市场的规模，加速发展5G产业。700 MHz频段或将成为中国广电开展5G运营的主要频段，优质的低频红利将被纳入移动通信，多年未能解决的问题将得到根本性的处理。这将进一步促进广电系的内部资源整合，为中国5G的发展引入新的资本玩家。

二是中国5G频段分配与全球同步，有利于享受全球频段红利。知名自媒体“网优雇佣军”曾经做过一个全球主要国家700 MHz频段5G分配统计，美国（70 MHz）、日本（120 MHz）、法国（110 MHz）、德国（60 MHz）、新加坡（90 MHz）、俄罗斯（60 MHz）、韩国（40 MHz）、英国（60 MHz）等国已经把该频段用于5G并拍卖给了电信运营商。此次中国广电发放5G牌照，可以说在主流频段上，中国将与全球电信产业频段分配格局保持一致。700 MHz频段的加入将对中国5G产业的发展产生巨大的加速作用，新的产业链将会出现，同时网络覆盖平均成本也会长期降低。

三是中国广电运营5G将大大丰富5G的场景。我们需要认识到一个事实，即中国广电在体制上整合视频内容产业具有天然的基因优势，5G牌照为中国广电提供了整合运营的筹码，各地有线网络、电视台的谈判地位和被整合难度将减小，这将为5G两年之内的发展提供有价值的场景。

当然，或许会有人争辩中国广电自身格局复杂，整合挑战较大，以及缺乏足够的资本来大规模地建设5G网络，甚至缺乏专业的运营人才。但在笔者看来，这是一种静态的观点，其实这些问题并不是不能解决的，只要给予产业发展机会，问题都可以在发展中动态地解决，关键在顶层制度设计上，要扫清700 MHz频段加入5G朋友圈的障碍，剩下的事情交给市场就可以了。

5G发展不只是钱的事情

发展5G需要大量资本，这个问题众所周知，更密集的基站建设，更多的能源需求，新的维护和运维技术，这些都需要大量资金的投入。所以，5G的发展成败将受制于资本的规模和投入的时间阶段。

在过去的几年里，中国宽带战略实施，提速效果非常显著，作为一项国家战略，其主要实施主体是电信运营商，通过大规模的资本投入，中国的基站规模、光纤里程、网络容量，都迅速地达到了全球第一，并实现了普遍服务。到了5G时代，国家宽带战略有必要继续实施，而且我认为，实施的主体应该扩大。虽然不至于在通信行业发展早期全民就变相集资发展通信产业，但至少在融资模式上，要为电信运营商、设备制造商、终端制造商提供政策层面的顶层设计，尤其是位于产业链下游的电信运营商，需要在网络建设上提供某种新的融资机制才能达到为有源头活水来。当然，整个社会也需要以大格局的视角重新审视实施多年的提速降费战略，争取实现短期需求与长期可持续发展之间的平衡。

资本是一个问题，但是作为一种能够改变社会的通用技术，如果有合适的顶层设计，逐利的资本不会放过这一巨大的风口。这其中的关键是我们如何在短时间内建造一张全球领先的5G基础设施网络，并把这一基础设施视为一种公共物品且提供政策的支持。

NSA是苟且，SA是远方

5G商用初期，商用部署的5G版本是NSA（非独立组网），主要支持增强移动宽带（eMBB）业务。这与5G标准的长期承诺，即面向行业场景的支持还存在一定差距。一是因为目前支持SA（独立组网）的标准还未完全冻结；二是基于现实成本考虑，借助已有的4G网络，可以实现快速部署5G。

对此，有人认为这是一种妥协，在我看来，这是一种技术理想主义。任何新技术的发展，都需要得到“人”的认可和充分的认知。从个体心理结构和认知结构分析，5G首先可以提供个体直接感知得到的体验，这将为市场提供信心，并完成5G的普及和教育。部署NSA之后，再部署SA，效果水到渠成。NSA完成市场普及教育，促进5G跨过技术鸿沟进入快速普及阶段，SA顺势而上，缩短5G在行业场景的采纳周期。

相反，如果我们一开始就等待SA，那么在个体尚未充分认知和体验5G的情况下，必然会增加局面的复杂性，并且可能会导致整个社会对5G失去信心，更关键的是，NSA可以为SA的部署提供资金支持，缓解在行业场景中电信运营商和客户大规模投资的困难。

此外，如前所述，SA的广泛应用还需要行业标准化组织修订的技术标准，这需要时间和耐心。在这段时间里，通过示范和验证的方式推进并不影响长期发展。

电信运营商里的中国移动和中国电信已经明确表态把SA作为目标。例如，从2019年开始，中国电信在北京等8个城市开展SA+NSA混合组网的扩大试点，目前已实现多省、多地、跨域联通的5G规模试验网，所以，我们不用担心中国的5G在这方面不领先。在2018年12月，华为就宣布通过了工信部组织的5G SA测试。由此说明，技术方面的成熟度并不是问题。

思维和组织是5G时代运营商的最大挑战

5G发牌对电信运营商来说是一个巨大的机遇，也是一个巨大挑战的开始。可以说，电信运营商在5G上，从思维到组织并没有真正地准备好。管道思维根深蒂固，所以5G的到来对电信运营商来说是一个巨大的挑战。

咨询公司STL Partners把电信行业定义为“协同时代”，在协同时代有两个基本特征：

1.电信行业本身已经趋于成熟，或者说增长不再是电信行业的主要任务。

2.人类面临前所未有的挑战，大到国家，小到企业和个人，环境压力和资源压力越来越大，经济、社会、组织、个人都需要协同解决这些问题。

STL Partners毫不客气地指出：电信运营商追逐“改善世界的连接性，让更多的人连接到网上，而这不太可能为电信公司带来大量新的收入”，因为这已经不是整个社会要解决的“大问题”，然而，政治家、社会活动家、经济学家和企业家却根本不关注这个问题，只因为这不是他们迫切想要解决的问题。

但全球的电信运营商，尤其是中国的电信运营商，还在思考5G时代流量怎么收费、用户怎么增长。在整个社会看来，这不过是

"芝麻大点儿事"，资本市场、公众和政治家根本不关注。

如果在5G时代，电信运营商的思维不从本身的增长这个关注点上转移到关注和研究整个社会的问题，那么，电信运营商被时代抛弃是一件指日可待的事情。

组织的挑战是电信运营商面临的另一个严峻挑战。作为一个始于固网时代，按照行政区划、以属地运营为主的组织机构，尽管在移动互联网时代和4G时代，电信运营商对垂直领域专业化运营机构的模式做了调试，但在本质上，其以属地运营为主的组织运转模式并没有发生变化。5G的业务特征是超越地域的、跨越行业的、超运营商的、超组织的，这与以行政区划为主的属地运营并不相容。而更为关键的是，准行政管理的组织控制模式和自上而下的关键绩效指标（KPI）指挥棒机制，在面对复杂的行业市场、逐渐大一统的行业融合、企业自身上下游产业链融合的大趋势时，会显得更加僵化。

5G需要电信运营商彻底地改变自己的组织结构和组织运营模式。我认为这个刚刚开始的课题是一个巨大的挑战，也是在5G时代电信运营商获得成功的关键。此前，笔者曾经提到过一个观点，在5G时代，电信运营商的核心任务是：寻找并构建由经济学家、社会学家和行业科学家共同组成的人才队伍，构建一个能够理解人类、国家、社会问题的知识生产能力体系。那么，组织的变革也需要根据任务进行调整。

5G发展必须迈过去的山

5G发牌是中国5G发展的发枪令，这只是一个开始。真正的发展还有很多困难需要克服。短期来看，中国5G发展需要完成规模性的网络建设，因此，中国移动就加快了5G网络部署，当时预计在2019年9月底前为超过40个城市提供5G服务，让用户“不换卡”“不换号”就可开通5G服务。

但是网络建设不是一蹴而就的，这需要如华为、中兴、大唐移动、爱立信、诺基亚贝尔等设备商提供足够的设备，也需要高通、英特尔等扩大芯片的产能。电信运营商部署网络也需要周期。因此，能够开通多少个城市，完全取决于5G产业链的协同情况。

5G终端是另一个门槛，目前能够支持5G的手机主要以华为、OPPO、一加、小米、三星为主，最大的手机玩家苹果由于与高通和英特尔之间的恩怨，从2019年来看，没有希望推出5G手机。无论是款式和价格，5G手机都还需要时间。整个终端产业链能够准备出普及型的5G终端至少还需要一年以上，这是由客观的产业规律所决定的。

5G原生应用还在路上。在这方面，目前可以体验的4K或8K直播、无人机、VR、AR、XR、云游戏，以及自动驾驶、智能工厂、远程手术，大都还是阳春白雪。原生于5G的应用还需要传统行业与电信行业协同创新，这其中的关键是投入创新的成本。考虑到创新是少数人的事情，也是高风险的事情，短期之内我们不能指望能够有“杀手级”的5G应用出现，或者我们只能从4G的“杀手级”应用中寻找5G增强的应用。

安全是5G发展的另一个关键挑战。由于引入了新的以IP为主的网络架构和业务模型，整个5G的安全机制发生了本质性的变化。

5G是以数字社会基石的姿态出现的，它将与人工智能、物联网共同组成未来数字社会的基础设施。与4G、3G、2G完全不同的是，基于云和IP的全新架构（软件定义网络、网络功能虚拟化），5G能够支持大规模的设备连接（汽车、医疗仪器、工业控制设备），引入垂直行业的全新业务（自动驾驶、远程手术、工业互联网），这也为5G的安全架构带来了全新的挑战。

2018年，Wipro曾发布一份网络安全报告，其中列举了有关5G安全的关键挑战：一是在垂直行业场景维度罗列了在典型场景下，因为5G的引入可能带来的潜在安全风险和新的安全要求，比如自动驾驶场景下对汽车网络的攻击，远程手术和医疗场景下对个人数据、因素和实时通道的安全管理；二是新的云和虚拟化技术，如软件定义网络（SDN）、网络功能虚拟化（NFV）等引入带来的网络开放性、可编排附带的潜在安全威胁；三是切片技术引入5G架构带来的跨域跨层安全风险。

所以在5G时代，一切有价值且能够从连接中受益的东西都将连接到网络。这意味着，思考5G安全的关键出发点是如何保护这些有价值的资产和实时动态产生的利益。而思考的维度不能只局限于技术攻击，更要防止社会工程方面的攻击，还要预防蝴蝶效应式的安全大崩塌。

促进5G的产业政策需求

如前所述，5G是全社会的事情，事关整个数字化社会的基石构建，也事关全球产业链的话语权竞争，更涉及未来的网络安全。显而易见的是，发展5G需要在产业政策层面提供一些积极的供给，在我看来，5G的发展应该被提高到整个经济和社会发展基石的战略高度，从而进行产业政策设计。

对电信行业本身来说，适度的财税政策支持是必要的，尤其是对基于5G的新技术、新应用和新终端创新研发的支持。有两个领域我认为需要特别关注，一是新的行业平台，二是5G融合的新终端。

资本运营将是5G时代的重要因素。仅就电信运营行业而言，目前投资管控的机制和模式或许需要做出某些关键性的调整，但在风险控制和投资激励上，它能为5G的创新提供足够的风险资本支持。

一些行业的技术改造和创新资金应该把5G的采纳纳入考核和支持范围，比如银行的技术改造贷款项目、实体经济财政专项激励资金等，都应该对5G实行优先支持。

当然，如果能够对5G产业链的研发、科研人才提供某种激励和支持，那将极大促进5G的发展。此外，我认为，中国应该专门对基于5G的商业模式创新提供政策激励。商业模式是一种知识产权和创意，对商业模式的保护也是对知识产权的保护。5G成功的关键之一就是商业模式的创新。从2019年6月6日开始，中国开启了5G时代，牌照的靴子已经落地，但这只是开始，真正的5G普及需要人们在顶层设计、产业协同、模式创新、政策扶持、运营创新、人才培养等方面做出可持续努力，这些都需要时间、耐心、协同、创新和智慧。

5G的市场化机遇

在5G时代，中国首次用市场驱动5G产业发展，谋求产业话语权。

工信部于2019年6月6日向三大电信运营商及中国广电颁发5G商用牌照，这是中国5G发展史上的里程碑事件，标志着5G商用进程正式开启，这是继韩国、美国、瑞士、英国之后，第五个正式商用5G的重要市场。考虑到中国市场的规模，对全球移动通信产业链来说，6月6日也是一个“大日子”。

此次5G发牌有两大看点，是我们观察管理层对5G发展的期望窗口。一是从5G开始，运营商的数量从三变四，中国广电正式加入电信运营商的“朋友圈”，这是一个大事件。笔者注意到在5月17日世界电信日，湖南广电就独立开展了5G相关的体验和展示。现在看来，这并不是独立的事件。二是5G商业牌照至少提前了半年发放，比原计划2020年正式商用的时间点提前。工信部部长苗圩早在3月份就表态在2019年的适当时候会发放5G商用牌照。

5G牌照提前一年、至少半年发放，说明管理层希望提前启动5G市场，牌照发放的最大意义是消除产业发展的不确定性，所以本质上没有提前与不提前之说。所谓提前的说法，是有一个假设，即合理的发牌姿势应该是等待产业链全部成熟和相关网络实验、系统改造全部具备之后再发放。5G牌照是作为临门一脚出现的。这是在4G之前全球移动通信发放牌照的玩法，有利有弊，利是用户可以迅速体验新业务。弊端也很明显，由于5G发牌的背后是频段的许可分配，迟迟不明确频段对移动通信上游产业和电信运营商来说就难以大规模地积极开展资本投入和网络建设。其实到了规模试验试点阶段，哪个运营商获得哪个频段基本上已经是既定的事实了。只不过在这个阶段，5G的推进还是“少数人”的事情，以与网络规划、建设、优化有关的业务单位为主。业务部门和市场部门还把精力放在存量市场，紧迫性并没有那么强烈。而5G发牌，从顶层设计上正式消除不确定性，实际上是为产业链各方以及电信运营商内部各业务单元的协同明确了目标，这有助于形成清晰的合力，对启动市场具有较大的推动力。

从这个角度来看，无论5G是否提前发牌，目前存在终端价格较高、品类较少、网络覆盖还需要一定时间的建设、业务还不够丰富等问题，这些问题都将在5G商用牌照之后得到快速解决。

中国选择这个时间点发放5G牌照，对于整个产业影响极大。这在很大程度上改变了移动通信产业链各方此前按部就班的计划，无论是电信运营商还是芯片、仪器仪表、系统设备等，各环节参与者的资本开支计划、产品研发生产计划和市场销售计划都将改变。从全球5G竞争格局来看，这将为中国5G产业链创造新的发展机会，中国市场的需求和创新将为中国5G产业链的发展提供丰富的场景，可以预见的资本也将开始启动对技术、人才和创新业务的投入，以此提高中国5G产业链的竞争力和话语权。不要小瞧这半年，在移动通信行业，厂商和产业链之间的竞争，能够领先半年就是巨大的市场竞争优势。对中国的电信运营行业来说，5G发牌之后，资本将成为决定竞争格局的主要资源，中国移动具有显著性的优势，这将成为中国5G发展的关键力量，对提高中国5G的全球话语权至关重要。除资本、用户规模、运营能力、网络建设能力外，在技术和标准层面，我们还需要注意几个基本事实。中国移动在5G发展中发挥着关键作用，它在国际电信联盟（ITU）第三代合作伙伴计划（3GPP）中牵头了71个（截至2020年3月）关键标准项目，在全球电信运营企业中排名首位，累计提交标准提案2700余篇，在全球电信运营企业中的网络领域提案数排名第一、无线领域提案数排名第二，申请5G专利超1000项。由中国移动牵头的5G网络架构标准成为首次由中国公司主导的新一代移动通信网络架构。此外，中国广电的加入、700 MHz频段和视频内容资源也将为5G提供丰富的创新场景，这对于改变4G时代电信运营行业的红海竞争格局将产生积极作用。

5G事关重大，中国5G牌照已经发放，各方应该放下争论，向前看。在释放利好的同时，整个中国5G产业链也正在面临严峻的挑战，从发布商用牌照到大规模普及还需要时间，我们需要在发展和开发中解决问题，需要更多理性和耐心，需要更多行动与创新。

潜力巨大的数字化世界

2019年9月的一个周末，时间到了中午，午饭还没有着落，我家贤内助提议去附近的海底捞吃火锅，我欣然同意。她先打电话排号，电话接通后，我听到了下面的对话：

海：我是海底捞客服机器人小美，请问您是就餐排号还是其他服务？

贤：你好，我想要排号。

海：请问您需要排中午还是晚上呢？

贤：我想要排晚上的号。

海：对不起，我们不支持跨时段排号。

贤：我想要排中午的号。

海：请问您是几位呢？

贤：5位。

海：请问您贵姓？

贤：姓周。

海：请问来电手机号可以作为联系的手机号码吗？

贤：可以。

海：帮您排好了，中桌20号，请注意查收短信，请问还有其他可以帮您的吗？

贤：没有了，谢谢。

海：请问您对小美整体感觉如何？

贤：还是可以的，整体不错。

在这段对话中，如果小美没有自报家门，不仔细分辨，还真的难以听出来这是人工智能客服。

5G正在创造一个数字化世界，在这个世界里，计算无所不在，智能无所不在，连接无所不在。

以下为各机构关于5G的产业预测摘要：

1.预计到2025年，全球5G连接数量将达到14亿，占全球总数的15%。（全球移动通信系统协会，GSMA）

2.预计2020年至2025年，5G网络总投资额在9000亿—15000亿元，同期电信企业5G业务收入累计将达到1.9兆元。（中国信息通信研究院，简称信通院）

3.预计2020年至2025年，我国5G商用直接带动的经济总产出达10.6兆元，直接创造的经济增加值达3.3兆元。（信通院）

4.预计2020年至2025年，我国5G商用间接拉动的经济总产出约24.8兆元，间接带动的经济增加值达8.4兆元。（信通院）

5.预计到2025年，5G将直接创造超过300万个就业岗位。

6.预计2020年至2030年，中国大陆对5G移动网络的总投资将达到2.8兆元。（信通院）

7.预计到2020年，中国5G市场收入将达到约5600亿元人民币，预计到2030年将增长到约4.35兆元人民币。（Statista Research & Analysis）

8.预计到2025年，5G市场将达1.1兆元人民币，占当年国内（不包括港澳台地区）生产总值的3.2%。（信通院）

9.自2019年起，中国移动、中国联通和中国电信的5G资本支出将大幅增加，预计到2025年将达到1.2兆元。（杰富瑞，Jefferies）

中国5G资本支出预测（单位：10亿元）		
	杰富瑞	中国信息通信研究院
2019年	100	
2020年	180	215
2021年	205	260
2022年	225	285
2023年	195	315
2024年	155	285
2025年	145	275
2026年		270
2027年		260
2028年		250
2029年		240
2030年		230
信息来源：杰富瑞、中国信息通信研究院		

10.预计到2022年，中国（不包括港澳台地区）的5G用户总数将达到5.883亿，远高于2019年的3190万。（杰富瑞）

11.电子商务、在线流媒体视频服务提供商、移动游戏和远程医疗应用开发商，以及自动驾驶等领域的专业软件公司，预计到2030年，5G的相关营业额将达到10.7兆元人民币。（杰富瑞）

12.中国移动、中国联通和中国电信预计从2020年到2030年，5G相关收入总额将达到7.9兆元人民币。（杰富瑞）

13.5G预计每平方公里可支持100万台连接设备；提供1毫秒的延迟（数据包从一个点到另一个点所需的时间）；产生更高的能量和光谱效率，并为每个蜂窝基站提供高达20千兆位每秒的峰值数据下载速率。（杰富瑞）

14.在对某个欧洲国家的分析中，我们预测，从2020年到2025年，与网络相关的资本支出将不得不增加60%，在此期间，总拥有成本（TCO）大约翻了一番。（麦肯锡，Mckinsey & Company）

15.大多数运营商需要在2020年到2025年之间开展规模网络建设。这种转变将成为网络成本增加的主要驱动力。（麦肯锡）

2020年	2021年	2022年	2023年	2024年	2025年
尼日利亚		巴林	沙特	意大利	中国
波兰		阿联酋	阿尔及利亚	法国	日本
美国				荷兰	英国

注：包括选定国家的例子。承担当前频谱所有权。图中显示的年份代表一个国家至少有一家运营商的网络建设时间节点。

数据来源：麦肯锡

16.到2025年，全球许多主要城市数据量将达到每平方公里1 PB或2 PB。（麦肯锡）

17.预计2020年至2025年，与2018年的预期水平相比，无线电接入网（RAN）的总拥有成本将大大增加。例如，在假设年度数据增长率为25%的情况下，TCO将上升约60%。（麦肯锡）

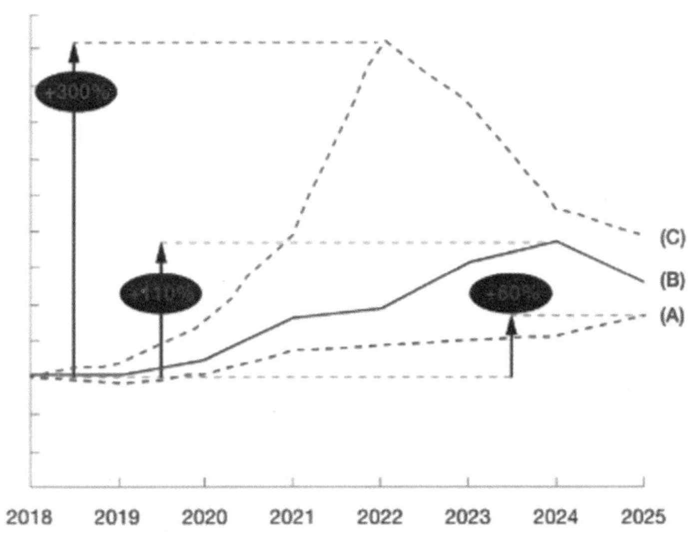

场景考虑与遗留网络化，蜂窝加密和添加5G宏蜂窝覆盖相关的成本
场景：（A）数据增长25%
（B）数据增长35%
（C）数据增长50%

注：总拥有成本包括无线接入网络和传输的资本性支出和业务性支出，但不包括核心网络。数据基于一个欧洲国家的3个运营商。结果很完善。
数据来源：麦肯锡

18.2025年资本支出预测中，GSMA预测运营商将在未来7年内在网络上花费超过1.3兆美元。其中大部分（75%，或略低于1万亿美元）将分配给5G。

19.GSMA预测RAN在总资本支出中的份额将从2018年的62%增长到2025年的86%，但到2025年，全球5G采用率仍然只有16%左右。

20.到2028年，全球将有超过40亿的5G用户，约占全球总数的45%。（惠誉评级，Fitch Ratings）

21.威瑞森电信（Verizon）和AT&T两家公司在2019年和2020年的5G资本支出约为90亿美元至100亿美元。（惠誉评级）

22.2020年，预计整个5G企业市场的价值可达到23亿美元，到2026年将达到317亿美元，年复合增长率（CAGR）为54.4%。（Globe Newswire）

23.Marketsand Markets预测，全球5G物联网市场规模将从2020年的7亿美元增长到2025年的63亿美元，在预测期内的年复合增长率为55.4%。

24.5G的超低延迟几乎是目前4G网络的50倍。预计5G技术将提供1毫秒的延迟，而在4G中，延迟率为50毫秒。（华为）

5G让人工智能无所不在

我们看到，在海底捞的预约订餐场景中，原本由人提供服务变成了由“计算”提供服务。人工智能软件创造的数字化生命体为我们创造了新的“劳动力”资源，一种由计算和电力提供的支持，通过数据的不断积累，将会变成越来越聪明能干的新劳动力。

谷歌在2019年开发者大会上也向公众展示了其人工智能技术的

进步，一个由人工智能模拟的顾客打电话给一家理发店店员预约理发，人工智能成功地瞒过店员完成预约，流畅自然的对话丝毫没有让店员怀疑这是一个机器人。

人工智能的智能能力在有些方面已经接近人类，甚至在有些方面已经超过人类，万物的智能化图景正在徐徐展开：智能机器人、智能冰箱、智能电视、智能门锁——我所说的智能，并不是现在的智能产品，目前的智能产品还是以手机控制和管理为主，并不是严格意义上的智能，而是指具备一定人类智能能力的产品。

我们可以做一个大胆的想象：人工智能将无所不在，成为一种通用技术，融入各种产品和服务中去。

当人工智能遇见5G之后，我们才能真正地想象人工智能作为一种能力普遍存在于万物的图景。这一点我们可以从人类智能的发展或者说社会规模的扩大来进行类比。

早期人类社会的规模基本遵循“150法则”，这个由英国牛津大学教授罗宾·邓巴（Robin Dunbar）提出的社会学法则表明：人类的社交人数上限为150人。古代的自然部落人数规模也往往维持在邓巴数左右，也就是说人类的自然协同规模往往不会超过邓巴数，原因一是超过这个规模的群体所带来的信息处理量超过个人大脑所能处理的负荷，二是主要以口头和手势表达为主的沟通方式限制了管理命令传播的范围，更大规模的协同无法发生。

此后，随着通信技术（Communication）的进步，信鸽、烽火、驿站的出现，实现了更大规模的人类协同，部落规模和国家规模也随之扩大。当电力技术和电磁波出现之后，跨区域、跨国家的生产协同得以发生，人类可以在全球范围内进行社会、经济、政治的协同。

从人类社会的发展过程中我们可以合理地推断，通信技术的进步是智能体之间进行更大规模的协同的基础，也就是说，如果只有人工智能在单个设备或者机器上应用，其智能的能力和价值将会受到严重削弱。

举个例子，比如在某个工厂的库房中，对货物的管理如果采纳基于物流机器人设备（自动导引运输车，AGV）来进行，那么多个物流机器人在仓库中行动，显然需要对自身的位置、速度、方向以及目标货物进行协同，就像工人在库房码放货物一样需要协同。当库房位于多个地方，从供应链协同的角度来看，跨区域的通信对于智能体的协同就显得特别重要。

5G将创造一个连接无所不在的世界

理解5G，我们要从5G和4G的最大不同开始。

ITU为5G定义了eMBB、 海量大连接（mMTC）、低时延高可靠（uRLLC）三大应用场景。

其中，eMBB主要满足“人”的高速率、大带宽连接需求，比如超高清视频、虚拟现实、增强现实等。uRLLC主要满足工业场景中“机器”的低时延、高可靠连接需求，比如工业自动化控制、无人机控制、自动驾驶控制等。mMTC主要满足大规模、高密度连接需求，比如在智慧城市场景中，海量传感器广域连接、智能家居大量设备的连接。

从ITU对5G的定义来看，5G的技术将我们物理世界的每一个物（Everything），包括设备（Device）、人（Human）、服务（Service）连接起来。从5G开始，为“万物”提供普遍的连接将成为一种“新常态”。

电信业务对普遍服务的定义是：对任何人都要提供无地域歧视、无质量区别、无资费歧视且能够负担得起的电信业务。那么进入5G时代，我们需要对普遍服务进行重新定义，即对任何人和物都要提供无地域质量资费歧视的、能够负担得起的连接服务。对于连接这种服务，我们不再区分人还是机器。任何人和物，任何物和物之间都具有了普遍连接的能力。

我们可以从四个角度对这种连接进行理解。

第一，对自然空间，我们人类社会赖以生存的土地、河流、空气、植物、动物等，都会具备连接的能力。

第二，对物理空间，我们人类社会制造的建筑、道路、房屋、城市、机器等各种物理部件，都会具备连接能力。

第三，对社会空间，我们人类社会用于协调各种社会关系及资源、交通规则、教育资源、社会管理、安防监控、法律规则、城市管理、公共服务、商业服务等将以各种智能体出现，并具备连接能力，以解决多个智能体的社会协同问题。比如，城市大脑与城市各行业的运行协调，实现城市的精细化治理和高效率运行。以交通为例，通过把交通规则和道路、车辆、人进行汇聚，建立交通大脑，用于调节人、车、道路之间的关系，这显然需要普遍的连接。

第四，对经济空间，原材料、设备、工厂、企业、商场都会变成一个个智能体，具备连接能力。只要产品被生产出来，那么在产品向消费者交付以及消费者在使用过程中，这些产品和服务都会具备连接的能力，从而使企业商户、消费者和产品建立一种实时的连接。这种连接能力能够为产品的生产制造、销售和服务提供全生命周期的管理和运营能力。从产业协同角度来看，政府对产业的管理，企业在产业链中上下游的协同都会因为这种连接的存在而极大地提高价值效率和降低成本。

从可以智能化的实体对象来看，任何设备企业服务组织都可以变成一个独立的智能体，那么这些智能体之间都可以通过5G实现普遍连接。

这就是5G给我们带来的，所谓的连接无所不在的基本场景。

5G让计算无所不在

理论上我们需要无所不在的计算能力。

从计算技术的发展历史来看，计算能力经历了三个阶段：

第一阶段，以大型计算机和服务器为代表，为人们提供集中化的计算服务。

第二阶段，以个人电脑（PC）为代表，计算向个人一侧迁移。这也是一种固定计算服务。

第三阶段，以智能手机为代表，计算进一步向个人一侧迁移，计算服务开始随着通信技术进步具有了移动能力。

智能手机的出现推动了计算与通信的融合。手机由于体积的限制，高性能的计算必须通过与云端的计算能力融合才能对业务提供良好的支持，信息技术（IT）产业和通信技术（CT）产业开始加速融合。

5G出现以后，工业界开始考虑一种场景，即如何更快地在靠近用户或者业务场景的地方提供计算服务。在这种场景下，计算与通信实际上是同时发生的。于是一种被称为“边缘计算”的技术开始出现。

边缘计算是一种新的计算技术。边缘计算联盟对边缘计算的概念做了如下定义：“边缘计算是在靠近物或数据源头的网络边缘侧，融合网络、计算、存储、应用核心能力的分布式开放平台，就近提供边缘智能服务，满足行业数字化，以及在敏捷连接、实时业务、数据优化、应用智能安全与隐私保护等方面的关键需求，它可以作为连接物理与数字世界的桥梁，是智能资产、智能网关、智能系统和智能服务。”[1]

边缘计算技术是与5G相生相伴的一种技术。作为5G引入的核心技术，边缘计算通过对低时延、局域性、核心数据在靠近业务场景的位置进行处理和传输，解决了计算的几个核心问题：（1）计算的响应问题，它可以为业务提供高效率的、实时的、快速响应的计算服务；（2）计算的安全问题，它为客户提供安全的计算能力服务，避免广域计算的风险；（3）计算的普惠问题，它满足任何人和任何设备对计算能力、任何地点、任何时间的计算需求。

5G使得中心计算和边缘计算以及跨越时间和空间的计算的协同产生了可能。在这种情况下，连接和计算融为一体，这也符合数字化的基本需求。

5G时代的商业逻辑

在5G时代，商业逻辑的思考，需要问自己以下五个基本问题：

第一，你的产品或者服务是否具备连接能力、计算能力和智能能力？

第二，你的产品或者服务离开你的生产线、离开你的工厂时，你是否还知道它在哪里，以及在什么地方被用来做什么？

第三，你的产品能否产生数据，并且这些数据是否能够对你及你的产业链产生价值？

第四，你的产品是否能形成一个网络，对你的用户产生锁入效应？

第五，你的产品能否按照企业、个人、政府的场景和别的产品或者服务进行沟通和交流？

生产即消费

一般来说，生产和消费不是同时发生的。比如说，一台冰箱的生产与消费可以分开。冰箱生产的时候，消费者并不知道哪里正在生产自己喜欢的冰箱；在冰箱被购买和使用的时候，生产者也不知道产品在哪里、在什么时间被用来做什么。

对用户来说，购买一台冰箱，主要目的是为了保鲜食品；对冰箱的生产企业来说，生产一台冰箱是为了让用户更好地保鲜食品；但是由于冰箱没有连接，也没有智能能力，那么在连接消费者和冰箱厂商之间就无法对产品的服务质量进行交流和交换信息。现状就是，产品是产品，产品所提供的服务是服务。5G为这种产品的改变提供了一种新的解决方案，每一个产品从被制造开始就嵌入了三大基本能力——计算、连接、智能。从产品在生产线上下线的那一刻开始，冰箱生产企业便可以知道每一台冰箱经由经销商渠道到用户的流转情况。每一个消费者也可以知道全行业的冰箱的实时产品情况，从而匹配到自己喜欢的冰箱。最关键的是，在整个冰箱的使用过程中，生产者和消费者之间关于产品的使用情况建立了一种实时动态，完成了全生命周期的连接能力，这种能力可以交换关于产品的质量信息和使用信息。在这种情况下，生产与消费是同时发生的。而消费过程本身就成为产品生产过程中的一部分，产品的生产过程也可以通过消费者的消费数据进行优化。所以，消费和生产在这种情况下是同步的。为什么会发生这样的情况呢？就是因为5G提供了无所不在的连接、计算和智能能力，5G为工厂设备消费者以及渠道实现了全生命周期的连接。

这种变化对一个行业或一个企业的商业逻辑是颠覆性的。在没有5G的时候，生产什么，如何生产，按什么样的方式生产，在哪里生产……这些都是企业自己的事情，对消费者的需求也是通过相对静态的、滞后的，或者想象的需求来进行管理。

5G到来之后，企业生产的每一种产品都具备与企业的生产线实施连接的能力，从生产到消费形成了一个闭环的沟通体系。消费者网络和生产网络融为一体。生产者在做生产决策、市场运营决策的时候，消费与生产同时在发生。这实际上改变了基础商业逻辑。

产品即服务

2018年6月底，东风汽车宣布上线“东风出行”服务平台。2019年4月，东风出行发布“东风出行”品牌，宣布整合旗下分散的出行业务，打造一站式、综合性出行服务平台，为用户提供网约车、专车、分时租赁、出租车、充电、公交、通勤、物流等出行产品与服务。

如果放在以前，很多人可能会对东风的举动感到费解，甚至会有种他们“不务正业”的感觉。

不过，如果从满足消费者最终目的需求的角度来看，东风出行依靠东风汽车在制造领域的优势，直接为消费者提供出行服务，这显得非常合理。通过纵向的产业链整合，直接满足用户最终的出行服务。汽车即出行，产品即服务。

直接进入产品所承载的服务领域，这是产品即服务的第一层逻辑。

产品即服务的第二层逻辑是把产品所产生的数据作为一种服务，提供给第三方，获得新的价值。

三一集团为了给用户提供更全面的金融解决方案，成立了一家汽车金融公司——久隆财险，向工程机械行业客户提供金融服务及解决方案，包括贷款、租赁、保险、信托等。三一集团研发了装备物联网络。通过为工程机械设备部署物联网能力和大数据精算模型，建立了基于数据决策的保险和金融服务。

产品即服务的第三层逻辑是由产品组成消费者网络，构成一个服务于企业、上下游合作伙伴的平台。在这个例子中，智能电视的表现最为突出。电视的销售本身只是内容的路口，电视的厂商变成了内容的整合者以及智能电视应用的平台运营者。在电视产品硬件的收入之外增加了内容的收入。此时一个厂商的核心竞争优势来自它的市场，有多少存量的电视机用户组成的消费者网络或者说生态平台。

数据即资源

5G到来之后，对产品或者服务、生产或者销售来说，最大的改变就是每一个环节、每一个产品、每一项服务、每一个组织、每一个人、每一个部件都会成为数据的生产者，同时也是数据的消费者。

理解数据及资源可以从五个方面展开。

第一，从微观经济学定义的生产要素角度来讲，数据将成为资本、土地、劳动力之后的第四要素。也就是说，你必须把数据看成生产要素进行组织管理融合。在传统企业运营过程中，企业管理者都会特别重视融资、招聘人才、获得土地、建设厂房、开设商场等这些动作。那么，在5G时代，数据的运营可能就会和融资、招聘人才、获得土地、建设厂房一样重要。从这个角度来说，如果我们把数据比喻为资本，那么每个企业应该有自己的数据银行账户。

第二，从产品本身的角度来讲，数据及资源可以理解为数据是为企业或者组织提供业务功能的基本要素。也就是说，数据是产品的原材料。这种原材料直接决定产品本身的市场竞争力，当然也决定一个企业的竞争优势。

第三，从提供产品或者服务的角度来讲，任何组织企业和个人在对外提供数据时都必须考虑数据如何获取。你必须把数据的获取视为第一要务。在每一个环节中的每一个细节，都要考虑到这些数据是什么，会拿来做什么，以及能够带来什么样的价值。

第四，企业在一个产业链中进行价值交换，除了产品之外，数据的交换将会决定你在产业链中的不可替代的作用和价值。

第五，数据的管理，尤其是数据的安全和隐私管理，将会给一个企业的运营带来巨大机遇，当然也会带来巨大的挑战。每个组织和企业都必须认识到，数据作为一种资产，是一种你、你的用户和你的使用者共有、共享、共同管理的有价值的资产。

如果我们把数据定义为一种核心资源，那么我们就不能指望数据是可以直接交换的，即使在一个组织的内部也存在着大量数据无法进行交换的场景。

所以，在5G时代，对任何组织来讲，只有把数据变成基于数据的服务，通过对服务进行交换才是一种可行的路径。

各个行业能够进行开放的数据交换，是一种过于理想化的场景，可以肯定的是，这几乎不会发生。但我们又应该认识到不能因噎废食，所以，每个行业把本行业的数据变成一种服务能力，提供给行业内和行业外的用户进行调用，才能真正地发挥数据作为未来生产组织管理的核心资源的价值。

平台即组织

如果我们仔细思考和审慎观察，就会发现在日常生活和工作过程中，主要是哪几家垄断型公司为我们提供服务。

在电子商务领域里，阿里巴巴和京东是两个主要平台。为我们提供支付服务的主要是腾讯和阿里巴巴。在互联网出行服务领域里，滴滴和携程也占据了出行服务的主要市场份额。不只是互联网领域，很多传统领域也存在类似现象。比如，在航空领域提供服务的主要是国航、南航、东航等航空公司；在个人消费品领域，产品也主要是由为数不多的几家公司提供；通信服务领域表现得更为明显，中国主要的通信服务提供商是中国移动、中国电信和中国联通三家。

现代经济的一大特征就是企业变得越来越大，规模越来越庞大，业务领域也越来越繁多，尤其是随着通信技术和互联网的发展，垄断成为大部分产业的基本组织形态。

三种技术促进了垄断，使企业变成了一个平台型组织。第一种技术是互联网技术。第二种技术是通信技术。互联网与通信技术的融合，使大平台开始频繁出现。这些平台既出现在互联网领域，也出现在传统行业。这一波改变主要是从消费互联网开始的，以携程为例，携程在出行领域通过互联网平台实现了对部分出行服务，主要是酒店和机票等标准化产品的汇聚，从而使得自己成为一个平台。谷歌、百度、腾讯、京东和阿里巴巴，它们发展的基本产业逻辑，或者说成为平台的过程，其实非常类似。通过不断扩大可连接的个人用户数，在平台上提供搜索内容或游戏商品的服务，建立一个双边市场，从而不断扩大平台的优势，成为平台的运营者也是规则的制定者，最终成为一个行业的垄断者。

第三种技术是数据和分析技术。在2019年，高德纳咨询公司（Gartner）预测增强型数据分析、持续型智能和可解释的人工智能将成为数据和分析技术领域发展的新趋势，这些技术能够快速发展需要受益于全球数据的规模及数据种类的快速增长。数据和分析技术将为商业组织不断垄断数据，更好地理解和洞察市场趋势，更快地构建基于客户需求精准洞察的优势提供帮助。不断增长的数据支撑着商业组织不断地进行数据与分析技术的研究和应用，进而获得更多的数据，这种马太效应将进一步强化平台的垄断地位。比如我们看到今日头条的成长路径就是依靠在算法领先获得数据，并以此为基础迅速洞察用户需求，快速成长为新的互联网垄断巨头。

陈威如教授在他那本知名著作《平台战略》里提到，目前在全球最大的100家企业里，有60家企业的主要收入来源是平台商业模式。这本书出版于2013年，到今天为止，可能已经不止60家了。

未来评估一个组织的价值，可能会把其所管理的数据量以及所提供的数据服务的能力作为重要的参考指标。

5G来临之后，由于每一个产品、服务、组织和人都会变成数字孪生体，从而成为数据的生产者和消费者。那么，参考互联网的发展规律，当万物变成数字和管理的智能体之后，毫无疑问，平台商业模式将会成为最主要的商业模式。

在这种情况下，任何组织基本上只有两种存在模式。

第一种模式是成为平台的建设者和运营者。比如前文提到的东风汽车公司，它会依托自己在汽车制造领域的优势，通过纵向和横向的整合，构建自己的出行服务平台，从而使自己成为一个出行服务平台的运营者。

第二种模式是成为平台的一部分。还是以东风汽车公司为例，之前东风汽车围绕着汽车产业链本身的制造、生产、销售和服务，与产业链的上下游的关系松散。当东风汽车成为出行服务的平台运营者之后，这些原先依附东风汽车的上下游企业就会成为平台的一部分。通过与平台建立连接，交换资源、共享数据，在平台上与东风汽车共同创造价值和分享价值。

我们可以发现，以前企业间的弱联系变成了一种基于平台模式的强联系。在这种强联系中，企业数据通过包装成基于数据的服务，进行信息交换、价值交换和价值创造以及应用创新。

平台成为企业之间，或者组织之间进行组织管理的主要模式。生产、管理、运营与服务都基于平台进行分配，数据、资本、人力资源、知识以平台为核心进行分配。产业链内部以及产业链之间的协同，不再是基于稀缺，而是以客户的需求和场景为中心进行生产的组织和管理。

比如，阿里巴巴提出新零售概念，其本质是希望能够通过平台和数据打通消费者与工厂之间的联系，实现生产与消费的柔性对接。所以，马云提出的新零售，其背后还有新制造。如果没有平台这种组织模式，新零售就只是渠道或用户获取商品信息的改变，并不能真正地带来新的价值。只有当消费者的购买数据成为一种资源，为制造企业提供输入，新的制造才会产生。

如何凭借5G获得竞争优势?

5G与竞争优势构建的一般性理解

我们需要认识一个重要观点，连接与计算将高度融合在一起。或者说，连接就是计算，计算也是连接。

从这个角度看，5G并不只是一种通信技术。当我们讨论5G的时候，我们应该意识到以下基本事实：

5G是一组技术簇，这组技术簇至少应该包括：人工智能、物联网、云计算（Cloud）、边缘计算、大数据（Data）、安全（Security）、区块链（Blockchain）。

创造无所不在的连接目的是为了让万物能够交换信息。

数据是我们最关注的、有价值的信息形式之一。

对数据的智能存储管理分析以及基于数据的决策预测是我们关注数据的目的。

当万物开始数字化之后，安全将会变得越来越重要，这会成为首要关注的问题之一。

所以，当我们讨论5G的时候，我们的脑海里应该有一幅图景，即5G只有与其他信息技术融合起来才能最大化地发挥其价值，其他技术都是以5G为基础的技术。或者说，没有5G，其他技术都只是空中楼阁。

当我们讨论5G应用的时候，必须同时考虑与其他技术一起应用，不能割裂。否则我们既不能完全理解自己的需求，也无法认识和充分发挥5G的价值。

从这个角度看，5G是最新兴信息技术的代名词，它应该被视为一个新兴技术的整体。

从5G中获得成本优势

战略大师迈克尔·波特（Michael E. Porter）认为，企业获取成本优势主要有两种方法：第一种是控制成本驱动要素，第二种是重构价值链。

我们思考如何从5G中获得成本优势，就必须考虑5G带来的移动计算、移动能力、移动智能，以及广泛的数据采集分析与处理能力的改变给企业成本带来的结构性变化。

我们先来看通过控制成本驱动要素获得成本优势的方法。

1.利用5G提高资产的利用率。通过引入5G技术，在工厂或者办公室对各种资产进行实时监控和管理。又通过对资产的使用情况、位置情况、维护情况进行数据采集和分析，提高资产的利用率，从而降低成本。这些资产包括办公室、工位、车辆、机器设备、停车位，甚至还有水龙头。

2.降低企业的学习曲线成本。比如在企业的制造环节、销售服务环节，或者新技术、新工艺的学习环节等，通过引入5G与AR、VR的在线培训，或者基于5G提供的大带宽视频的互动，可以降低新员工的培训成本，从而快速降低整个企业的学习成本。

3.降低企业跨区域经营的成本。5G提供了便捷高速的通信能力，企业可以把工厂服务网点放置到离客户最近的位置，同时又不会增加企业的管理成本。

4.降低企业的物流成本。这可以由引入具有自主驾驶能力的机器人来实现。通过与生产调度系统连接，可以对厂区的物流进行自动化管理，某种程度上还可以替代人工，从而降低企业的物流成本和人力成本。

5.降低企业的客户服务成本，比如引入服务机器人。人工智能客服通过计算机人工智能，为客户提供24小时不间断的服务，同时又不增加企业的服务成本开支。

6.降低企业的零配件库存成本。实时在线产品可以为企业提供存量产品的运行情况、故障情况，那么企业可以对产品的备件进行预测，从而减少企业的备件库存。

7.减少与下游渠道协同的成本。利用5G可以为渠道的店员提供更低成本的产品培训和服务培训，同时能够对渠道产品销售情况、库存情况、客户到店的情况进行实时数据采集和分析，从而降低企业与下游渠道的协同成本。

8.利用5G+大数据的能力，对产品的各项成本进行精细化分析，从而建立产品原材料生产工艺流程与产品质量和价格利润之间的关系。通过数据分析，可以降低某些不对利润产生重要影响却又占据产品主要成本的原材料投入，或者改进工艺流程。

9.降低原材料的采购成本。通过对消费者和消费趋势的实时洞察和预测，企业可以选择在合适的时机采购原材料，从而最大化地降低原材料成本。

10.降低企业与上游价值链的协同成本。企业通过对消费者购买产品的预测和生产能力的精细化管理，可以实现对上游供应链的精准管理。对一个大公司来说，他们可以通过产业链的控制能力要求上游企业对原材料实现数字化，对原材料的生产、加工、制造和运输进行全程信息对接和监控，进而与自己的生产、管理、销售进行衔接，从而极大地降低与上游产业的协同成本。如果是小公司，本身属于某个大公司生态的一部分，显然也可以从这种协同中受益，小公司可以按照大公司的预测准备自己的生产计划。

11.降低技术创新成本。5G与已有的生产工艺管理流程进行结合，提供基于数据和人工智能的能力，从而极大地提高原有工艺流程的效率，降低工艺成本，缩短新技术的采纳周期。

12.缩短新产品推向市场的时间。推出具有计算和智能能力的产品，为企业了解用户的真实反应提供了实时的数据决策支持，企业可以利用这种能力，对新产品、新技术、新服务进行快速迭代测试，从而缩短产品上市的周期。

13.降低企业的人工成本。比如，在企业的安全管理方面通过引入5G与具有人工智能能力的摄像头和自动巡检的机器人，可以实现对人工的替代。比如在客户服务领域，通过引入人工智能自动问答的机器人，可以降低客户服务的人工成本。也就是说，在企业的运营管理、生产制造、服务等各个环节，只要是可以标准化的工艺流程和任务，都可以采纳机器人或者人工智能服务。

我们再来看看重构价值链获得的成本优势。

1.重构渠道。企业利用5G+VR、AR，可以建立直接向客户提供产品展示和广告宣传以及体验的在线门店，或者线上与线下一体化门店。企业与客户建立直接的连接重构渠道。

2.重构广告价值链。利用5G提供的高清视频能力重构自己的广告宣传。比如视频、彩铃、短视频、朋友圈的视频广告以及5G提供的人与物进行连接的场景，都可以为企业做广告宣传，搭建能提供丰富场景的、精准匹配的广告宣传渠道。

3.重构用户的洞察方法。利用5G带来的大数据能力，对市场和用户的消费历史，即实时消费趋势进行管理，从而对未来消费和市场趋势进行预测。

4.重构与用户的关系。通过在产品的全生命周期，向用户提供不间断的创新服务，把用户与企业的一次性联系变成全生命周期的联系。

5.重构供应链关系。通过与上游供应商共享数据，实现上游原材料与自己企业产品的无缝协同，把上游供应商的生产管理制造服务过程与自己的企业价值链进行融合。

6.重构生态的关系。对一些行业巨头而言，可以通过构建本行业平台，将行业上下游企业转变成与平台共生的一种形式。通过平台的建立和运营，获得新的成本优势，利用平台提供的能力和资本信息等优势降低自身的价值链成本。

7.重构企业的生产工艺和流程。比如基于数据分析的设计，基于实时数据洞察的生产管理，对于产品的设计、制造、测试、质量控制，进行全生命周期的管理。

8.重构与竞争对手的关系。5G为一个行业里的多个参与者共享某种具有行业基础设施性质的要素创造了新的可能。比如共享产品质量信息和安全漏洞信息，共建或者共用渠道网络。共享价格信息和成本信息对中小企业来说尤为重要，可以帮助他们提高面对平台的议价能力。

从5G中获得差异化优势

所谓差异化，实际上来源于用户在使用产品的过程中对每一个细节的关注和思考。2019年9月，我到乌镇出差。就餐的时候，我点了一瓶啤酒。拿到啤酒以后，我发现这个啤酒盖可以直接撕开。喝啤酒多年，我还是第一次遇到可以用手直接撕开的啤酒盖。这是一种在细节上非常细微的差异化创新，它解决了大部分人在拿到啤酒之后需要借助工具才能打开啤酒的痛点。

从5G中获得差异化竞争优势有两种方式：一种是提供差异化产品或者服务；一种是重构企业价值链，获得比竞争对手成本更低、效率更高的企业价值系统。

1.设计差异化：差异化的设计来自对于用户细分市场的精准定位以及对用户需求迅速而准确的把握。利用5G技术，企业可以通过数字化设计和虚拟体验测试市场的反映和客户的真实需求，从而改进自己的产品，提供差异化、精准化的设计产品。

2.交付差异化：5G的数字孪生技术为我们向客户提供了一种

全新的产品或者服务交付方式。例如，一家建材城在设计师的帮助下，可以通过虚拟现实技术和5G技术让客户根据自己的户型和偏好进行设计。在完成设计之后，用户还可以借助这些数字化的技术，通过虚拟现实真实地感触到产品，即通过数字化的虚拟交付提前得到客户的确认。

3.质量控制差异化：在5G之前，企业对于质量的控制，实际上一直缺少有效手段，当引入5G及新的信息通信技术（ICT）之后，我们可以通过数据分析原材料的工艺流程，可以通过视频分析每台机器和每个人的动作。通过这样的分析可以精确地找到产品的质量问题。如果企业能够采纳5G技术，显然可以实现质量控制的差异化，在行业竞争方面获得差异化优势。

4.成本差异化：如前文所述，影响成本的因素很多，如果单纯从成本差异化的角度来看，实现成本差异化主要是通过更好地控制原材料生产以及交付和运维的成本。通过5G的连接能力、数据分析和人工智能技术，企业的决策者可以对成本项做出精确的管理，还能利用行业的数据与竞争对手的成本进行对比，从而找到自己成本的劣势和优势。

5.渠道差异化：利用5G和数字孪生技术的远程交互能力，企业可以建立与线下体验店和商场相媲美的，甚至更具超越性的销售渠道，建立与竞争对手完全不同的营销方式和促销模式。以服装行业为例，利用5G虚拟现实技术，用户可以自主地对衣服的颜色、样式、布料进行搭配，也可以在设计师的指导下进行自主设计搭配，实现在线体验和下单，然后企业再根据用户下单的情况进行生产。

6.产品差异化：5G将推动新的交互技术与各种产品融合。企业在优化产品的时候，需要考虑融入语音或视频等交互技术，提供人以及与其他设备进行交互的接口。当然，接口的设计还必须考虑本行业的平台，以及与互联网平台的接口。在过去的四五年中，我们可以看到有大量的传统产品，比如智能音箱，因为加入网络而焕发新的生命，通过与各种互联网内容进行连接变成一个新的家庭入口。

7.服务差异化：服务在5G时代变得越来越重要，客户越来越看重产品所承载的服务。在这方面，我们利用5G可以提供或者创造差异化服务。比如，餐厅可以使用服务机器人对菜品进行配送，物流公司可以使用自动驾驶的汽车为客户配送货物，简单设备的安装维修可以通过5G的视频来实施控制设备进行操作。

8.技术支持差异化：企业通过5G提供远程视频指导的技术支持，或者提供AR、VR的虚拟操作支持渠道的技术能力。

如何构建5G时代的核心竞争力?

5G应该拥有的创新思维

创新是企业最重要的一种活动，也是企业价值系统中最具活力的一部分。从某种程度上来说，创新决定着企业竞争优势的可持续性。

新技术对于企业创新活动的促进主要表现在产品创新、技术创新和商业模式创新。拿5G来说，创新除了要具备技术的视角，还要具有思维的视角。

因为没有认知和思维模式的变革，人们普遍认为5G就是4G。全球对数字化感兴趣的人们都在翘首以望5G到来之后出现截然不同的应用。让人略显失望的是，这样的应用目前还没有出现。究其缘由，是思维模式限制了人们的想象力。5G连接了人和万物，新的连接能力需要新的思维模式。技术的进步在5G到来之后，人们的想象力第一次变得不够用了，所以我们需要定义一种“5G思维”

（Thinking by 5G）才能发现并创造“生于5G”（Application 5G Native）的应用。

无论是电信设备制造商、运营商还是个人或行业客户，都已经习惯了线性思维。亚里士多德曾经提出“垂直思考”，其思考方式主要为“单线定义问题，必须遵守既定流程，在问题解决前并无其他更改方式或途径”。

比如那些希望把5G的带宽填满的应用，毫无疑问，这是一种源自垂直思考的应用。这些应用在4G时代就已经被定义了，业务流程也非常清晰，只不过在5G之前受限于整个带宽，无法给用户带来基本体验，从而无法形成货币化的应用市场，我们可以列一个很长的清单：AR、VR，云游戏，无人机，4K、8K高清视频，5G机器人，5G医疗车，5G课堂……

这些源自线性思维的5G应用，只不过是用更宽的带宽重新定义业务体验，却并没有重新定义业务本身，那么，尴尬就会接踵而来：市场是否会为这种体验的改变买单呢？目前来看，还是非常不乐观的。

因为线性思维只关注可知问题的解决，或者局部的某个环节的效率与能力的提升，无法从更宏观的视角重新定义整个业务本身，从而无法重新定义价值，自然也就很难抓住新的货币化机会。

我们以5G AR为例，这一应用已经在中国和全世界的多个地方被用于旅游、教育、市政等场景，尽管用户可以基于5G体验新的视频内容，但是这种体验仅限于带宽改善带来的好处，以下问题依然没有改变：

1.沉重的终端给佩戴者带来的不适感。

2.内容生产者能否获得足够的收益才有动力产生足够丰富的内容。

3.法律监管带来的潜在风险。

4.行业的业务流程是否已经做出根本性的改变。

当然，也会有人说这些问题需要时间来解决，这个观点没错，但是我们要意识到，市场并不愿意因为理解一项新技术需要时间来解决问题而买单——有谁会为一个半成品的非端到端的体验买单呢?

显而易见，线性思维无法解决5G来临之后，整个社会面临的困境，我们需要一种新的思维模式，即水平思维（Lateral thinking）。

水平思维是一种“以非正统的方式或者显然的、非逻辑的方式来寻求解决问题的办法”，水平思维的方式主要为“多向水平定义问题，在问题解决前有其他更改方式或途径”。

这是由英国学者爱德华·德·博诺（Edward de Bono）在其于1967年出版的著作《新的思考：水平思维的应用》（*New Think：The Use of Lateral Thinking*）中首先提出的。这种思维模式多用于创新，目前已经是一种主流的创新思维模式。

在具体思考上，我们可以采用几种典型的思考方式，比如，我们可以随机思考在5G下如何把螺丝刀和茶壶联系起来，或许我们会沿着这些看似完全无关的事物寻找某种可以创新的东西：

1.螺丝刀是一种工具，可以用在工厂。

2.手里的茶壶看上去有点瑕疵，质量不好。

3.生产茶壶的工厂可能需要螺丝刀作为工具。

4.一把螺丝刀的操控流程是否会影响茶壶工厂机器的运转效率。

5.目前茶壶工厂的破损率是不是比较高。

6.数字化的螺丝刀能否改变茶壶工厂的产品合格率。

7.找到这个茶壶的瑕疵，能否找到是哪个螺丝刀拧的，哪台机器生产的。

8.我们是不是可以通过5G智能工厂解决这个问题。

这种发散性的、看似随机的思维，是一种水平思维的模式，把看似毫无关联的两个事物联系起来，是一种社会大分工背景下的思考模式。

1998年，德·博诺在澳大利亚关于展望联邦前景的宪法公约会议上分享了一个故事，对于认知水平思维颇有启发。很久以前，有个人把他的汽车一半漆成了白色，另一半漆成了黑色。他的朋友问他为什么做如此奇怪的事情。他回答道："因为不论什么时候我发生车祸，路两边的目击者在法庭上都会争论看到的车子是白色的还是黑色的，这十分有趣。"

在具体实践中，关于水平思维有很多实践路径，比如随机的想法、令人兴奋的思维方式（故意放大事物的某个部分）、概念扩散的想法（一种概念扩散到其他事物）、叛逆的构思方法（将广泛支持的想法视为错误开始）。

我认为5G需要水平思维，因为：

1.5G是一种连接万物的通用技术。

2.万物之间有自然的、社会的联系。

3.只有通过水平思维才能发现并改善这种联系。

4.只有通过水平思维才能发现新增的价值，并发现价值的分配。

显然，我们需要把水平思维作为一种5G时代的主流思维模式。

利用5G开展产品创新的一般方法

虽然各个企业所属的行业不同，在行业里的地位不同，产品的生命周期不同，面对的客户不同，但我们依然可以总结一些企业利用5G技术进行产品创新的通用方法。

1.把产品变成在线产品。当企业考虑产品创新时，有一个基本功能选项就是为产品增加在线的能力。在线设置产品至少应该包含两个信息，一是位置信息，二是状态信息。这两类信息能够连接到网络上与其他人的平台服务进行信息交换。在这方面，5G提供的三个应用场景无论是大带宽、高速率、低时延，还是大规模的连接能力，都从根本上解决了产品在线的技术瓶颈。同时受益于摩尔定律，通信芯片的制造成本以及网络接入的成本也在快速降低产品在线的成本。按每比特计算，无限逼近于0，所以，对产品创新来说，企业必须令产品能够处于永远在线的状态。只有在线的产品才可以被感知，才可以进行交互。

2.把产品变成智能产品。产品的智能化是指产品要尽可能地应用人工智能的能力，把人工智能作为产品的基本配置，融入产品的功能创新设计中去。我所指的智能，不是产品可以通过手机APP进行连接和管理，也不只是产品具备联网功能，而是指产品真正地采用了人工智能的高级能力，如交互预测分析能力，甚至是某种行动的能力。如果产品还能够具备集体分工与协同的能力，那么，这样的产品将具有颠覆性。

3.让产品之间能够进行联网。产品之间能够联网，本质上是说，产品与产品之间，包括企业自己的产品以及企业与其他企业的产品之间能够进行通信。在这种创新中，企业有两种选择。如果是一家大型企业，该企业可以自己设定设备之间联网的标准。从属于这个大企业的生态成员的设备，需要符合大企业制定的标准。联网的目的是为了与大企业所形成的生态进行资源共享、价值创新共享以及客户共享。这种联网场景是一种具有中心化的联网场景，比如在国内的智能家居领域，华为、中兴、中国移动、阿里巴巴、腾讯等巨头都制定了自己的联网标准。其他智能家居的设备制造商需要遵循这些行业巨头制定的标准，与这些行业巨头提供的中心化控制设备进行连接。5G在联网场景中带来的新能力是新的带宽和新的移动，也就是说，对企业增加联网能力来说，可以无须再考虑接入的可获得性。只要企业产品融入了5G的连接模块，就具备了广域的接入能力和移动能力。

4.让自己的产品能够与其他平台进行连接。企业可以创造自己的平台，也可以选择与行业已经形成规模的平台进行连接。获得这些平台提供的智能能力、计算能力，以及内容或者服务。这需要企业遵循平台的规范和标准。在这种连接过程中，平台所提供的计算存储智能内容或者其他服务就变成了这个行业的公共服务。当然，这种公共服务的提供要符合商业规则。由于5G提供的高速公路使得企业的产品在获取这些云端平台提供的资源和服务时，与本地相差无几，甚至具备更优的性能，所以通过与已有平台的连接，企业可以加速自己产品创新的速度，缩短面世时间。

5.让自己的产品与其他产品能够进行连接。可以想象，跨行业之间的产品原先看似毫不相关，随着5G和人工智能的普遍应用，这些产品的连接会变得越来越重要。笔者曾经看到一个例子，某个汽车厂商与智能家居公司合作，当汽车驶回家的时候，可以与家里的智能设备连接，如与空调进行通信，提前打开空调。我们也可以想象另一个场景，当我们自驾游的时候，在到达目的地之前，汽车可以根据驾驶人的饮食偏好与所在地酒店的智能客服机器人进行对话，完成房间或者午餐的预订。这种连接的背后，实际上是5G带来的跨行业的整合和融合能力。如果是拥有多元化业务的企业，则可以对自己多个业务单元之间的产品，按照客户的场景化需求进行连接与整合。如果是独立的中小企业，则需要考虑加入某个平台型的生态系统。

6.让产品具备交互能力。未来产品的创新，交互的创新将是非常关键的创新形式。由于感知技术的进步，各种各样的传感器，尤其是视频结构化分析技术的进步，将使产品与产品之间以及产品与人之间的交互变得非常自然，也就是和人与人之间的交互非常类似。在这种情况下，感知系统、显示系统和语言交互系统将会成为产品创新的主要驱动因素。

7.让产品具备自主行动的能力。无线通信剪掉了设备背后的小辫子，创新出无线充电技术，或者说新的充电技术。所以，未来具备自主行动能力的产品将成为主流的产品形态。过去几十年，其实我们可以看到，越来越多的产品开始通过引路行动能力开展产品创新，比如扫地机器人、支持自动驾驶的AVG设备。在这个场景中，无人机与摄像机的融合可以说是最成功的产品创新，大疆公司之所以能取得成功，除了飞行技术本身领先，最重要的一点是与摄像影像技术融合，并从中发现了一个巨大的市场机会。在引路相机之后，大疆的产品迅速成为高度普及的消费电子产品，排名仅在手机之后，被应用在各个场景，如体育、旅游、直播赛事等文化活动中。在工业领域，以仓储为例，大量工业机器人通过引入视觉系统、行动系统和人工智能自动驾驶技术，极大地提高了仓库智能化管理水平。所以，为原先不具备移动性的产品增加运动能力将会是产品创新的主要途径之一。

8.让产品具备感知的能力。为产品增加感知能力，也是5G产品创新的重要方法。感知能力包括视觉感知、位置感知、速度感知、环境感知和安全感知，更高一级的还有情绪感知。具备感知能力的产品可能会首先被应用到安全领域、玩具领域、游戏领域以及娱乐领域。例如，随着中国进入老年社会，情感陪护类的产品将迎来新的市场机遇。具备情绪感知能力的陪护机器人或许将迎来新一轮的市场需求的增长。在工业制造场景中，未来将会有大量的工业机器人替代人工，这些工业机器人也需要具备强大的感知能力。

9.把产品变成服务。5G可以为企业提供对产品的广域管理和控制能力。企业可以改变自己的商业模式，从产品销售变成对产品所能承载的服务的销售，像前面提及的东风汽车推出东风出行服务。还有一个例子也具有启发性。我们在很多城市的小区可以看到售卖纯净水的装置。自来水公司可以通过放置在居民小区的供水装置面向高端人群提供具有高净值的供水服务。

10.把规则的逻辑变成可以采纳人工智能的智能体。理论上，很多产品除了本身的产品功能，完整组成产品的还包括围绕产品的服务。比如培训使用的维修故障手册。企业可以把基于产品的知识按照是否适合计算机人工智能处理来进行分类。对于适合处理的，把基于产品提供的服务变成人工智能技术支持的智能体。除了前面提到的海底捞客服，人工智能的剪辑也开始应用在体育赛事的直播中。在2019年世界杯以及其他赛事中，咪咕公司大量应用了人工智能对视频进行剪辑处理的能力，其突出表现远远胜过一个老到的编辑，关键是其响应的速度，更是人类编辑无法匹敌的。

11.让产品变成平台。如果一个企业的产品在市场上具有一定的存量规模，当这些产品变成在线产品，且具有智能的能力之后，企业就有机会把自己的产品变成一种平台。服务型企业能进行上下游甚至是横向的跨行业整合。通过产生的数据、客户资源以及产品存量的设备等连接成的网络就变成了企业的一个平台。我们以打印机企业为例，如果某个品牌的打印机，在市场上具有较大规模的存量设备，那么这些打印机的运行数据对造纸企业来说，就具有非常大的价值，通过数据的共享，打印机企业和造纸企业就可以为最终客户提供更好的服务。比如，及时为客户提供打印纸快递服务，按照客户的使用量制定打印纸的折扣政策，甚至通过分析打印纸的周期性波动，优化造纸企业的原材料供应。

利用5G开展商业模式创新的一般方法

有关商业模式的理论有非常多的流派。曾任伦敦商学院战略及国际管理教授，被《经济学人》（*The Economist*）杂志誉为“世界一流战略大师”的加里·哈默尔的商业模式架构就为分析公司发展战略提供了相对简洁的方法论，由于具有很强的操作价值，得到了企业界和学术界人士的认可。

加里·哈默尔的商业模式包括四部分：顾客界面、核心战略、战略资源、价值网络。这些因素两两之间都形成了一个界面，这些界面将四个要素紧密地连接成一个协调运作的整体。这四个方面可以分为十三个更小的方面，通过顾客利益配置和公司边界联系起来。

我们将以加里·哈默尔的商业模式为框架，对如何利用5G进行商业模式创新展开细致的分析。

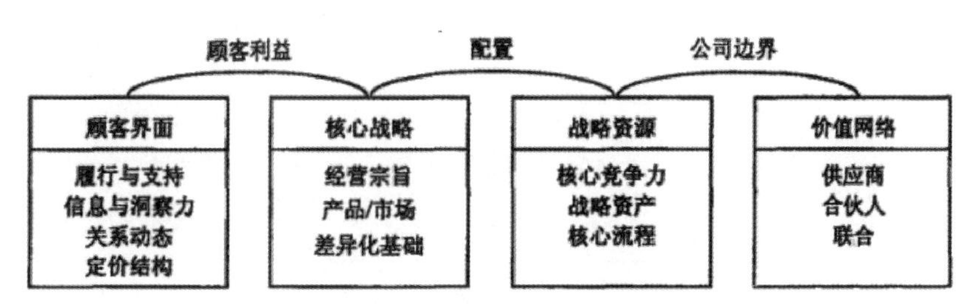

加里·哈默尔的商业模式架构

资料来源：加里·哈默尔，《领导革命》（*Leading The Revolution*），哈佛大学出版社，2000年，P96.

哈默尔（2000）的商业模式要素框架

	名称	描述
要素	顾客界面	这个要素包含了回应处理和支持两部分，它涉及公司产品走向市场和接触顾客的方式（如渠道）；信息和洞察力定义了消费者知识的汇聚；联系动态性涉及产品和消费者之间的联系；定价结构解释了对消费者的要价以及途径。
	核心战略	这个要素定义了整体的公司使命、产品和市场的范围；具体的细分市场；公司区别于竞争对手的竞争方式。
	战略资源	这个要素包含了企业的核心能力，包括知识、技术和独特能力；特殊的战略资产，如基础设施、品牌；公司的核心流程。
	价值网络	它勾勒了一个围绕公司、互补品提供商和扩大的公司资源，包括供应商、合伙人和联盟在内的商业利益交换体系。
联系	顾客利益	这个联系作为核心战略和顾客界面的媒介，定义了实际向消费者提供的独特利益。
	配置	这个联系涉及支持独特战略的、包含的和相关的能力、资产以及流程的独特方式。
	公司边界	指公司应该做什么和应该外包什么的决定。

制定企业发展战略和经营宗旨

5G将推动数字产业化，也将推动产业数字化，也就是新的两化。

对企业来说，5G的出现意味着企业面临新一轮转型变革的机遇。在制定企业发展战略和经营宗旨的时候，5G提供了新的选项。

我们先来看数字化产业本身在转型方面的选项。

从技术的提供方向技术的运营提供方转型。数字化企业本身在数字化技术和数据管理方面拥有优势。通过纵向一体化整合，把产品服务转化为依托成型的数字化运营服务，为行业客户提供垂直领域的数字化运营。

成为数据管理的企业。企业专注于数据资产的运营和管理，帮助行业客户进行数据资源的管理，专注于为客户提供安全可信的数据资产经营。

成为连接管理的企业。企业可以对客户的连接设备进行管理。这些管理，包括对设备的状态位置、运营情况进行管理，并对客户的设备进行数据的分析，最主要的是根据客户设备接入的需要利用网络计算和智能资源进行管理。

成为提供通用的、人工智能服务的企业。以平台的方式为客户在人工智能方面提供开发和技术支持，向客户售卖人工智能能力。

对传统产业来说，产业的数字化意味着企业可以选择以下几种新的战略定位。

成为行业平台的运营者。在5G时代，每个行业将会出现一个数字化巨头。这些数字化巨头很可能会从行业内的巨头中诞生，比如工业互联网里的航天云网等工业互联网平台。这些平台可以在产业链的某些环节，如资源共享环节、供需对接环节、数字化基础设施服务环节。传统行业的领导者厂商可以以行业平台的构建作为战略目标。

成为行业数据资产的运营者。行业厂商可以利用自身所处行业的知识和经验优势，成为行业资产的数据运营者，承担行业数据安全、交易、归集以及分析的工作。

成为行业人工智能的服务提供者。通过把大数据与人工智能技术与行业的领域知识相融合，开发面向本行业的人工智能能力，成为本行业人工智能服务的提供者。

产品和市场的范围

影响一个企业的产品和市场范围，主要与交易成本有关。交易成本包括签约的成本、履约的成本、违约的成本。其中，因无法履约所带来的违约成本是影响企业产品和市场范围的主要因素。我们知道，当一个市场存在巨大的风险和不确定性时，这样的市场交易成本会非常高，产品和市场交易活动会特别不活跃。信息不对称是造成违约和不确定性存在的主要因素之一，这导致很多企业的产品和市场范围受到了限制。

5G对产品提供的数字化能力以及对产品的生产、加工、制造、运输、使用、维护等全生命周期的数字化管理能力能够帮助企业最大程度上消除信息不对称。从这个视角看，5G给降低交易成本、扩大企业的产品和市场范围创造了新的机会。

5G对于产品市场的创新主要有以下六种类型。

第一，帮助企业扩大服务的地理空间。比如银行业开始大规模地利用5G技术建设无人值守的营业网点，在社区和偏远农村地区快速提高网点的覆盖规模等。

第二，帮助企业扩大服务的时间尺度。比如一些电商平台或者零售企业在基于5G的条件下开设无人商店。在这种场景下，5G技术、人脸识别、支付等融合在一起，可以为企业的产品和市场扩大服务时间的长度，提供低成本的解决方案。

第三，帮助企业的产品进入高风险市场。比如汽车公司可以基于5G的定位大数据技术与客户的金融信贷进行数据融合，为客户提供汽车购买的分期付款服务，扩大自己的市场规模。银行也可以对企业资产进行实时监控，并对企业的运营状况进行预测，从而扩大自己的金融服务的客户规模和类型。

第四，帮助企业进入低利润市场。通过5G提供的成本管理能力可以帮助企业进入以前不曾或者不能进入的低利润市场。

第五，帮助企业扩大产品的使用场景。比如生产跑步机或按摩椅的厂商，可以大规模地把设备安放在人流量巨大的繁华商场。也有一些床垫的厂商通过与酒店合作提供按摩床垫，向住店旅客收取费用，甚至在长途大巴上提供充电服务。

第六，帮助企业发现新的细分市场。一些体育设备公司开始在城市的社区或运动场所放置存放如篮球、羽毛球拍、乒乓球拍和羽毛球杆等运动设备的智能柜，为进行体育运动的顾客提供在线的设备租赁服务。这对没有连接能力的传统产品来讲是无法想象的。从设备的直接销售到租赁，是5G时代商业模式创新的主要路径。

重新定位细分市场

企业可以利用5G的新能力，用以下方式定位新的细分市场。

第一，通过5G赋予的产品或者服务在线能力对用户使用产品的行为和偏好进行数据分析，从而对用户进行更加精确的画像，确定产品适合的细分市场。在日常的商业运营里面，产品与市场的错配时常发生。有时候，正确的产品并没有被卖给正确的消费者，而正确的消费者在购买产品以后却无法使企业得到产品销售的信息。这种产品与市场的错配，在5G应用之后可以最大程度地减少。

第二，帮助企业创造新的细分市场。比如通过对原材料的数据分析和管理，企业可以与金融和保险行业合作，提供供应链金融的服务、保险和再保险业务或期货金融服务。

第三，提高产品在细分市场的价值获取能力。企业可以利用产品提供的新的计算连接和智能能力，叠加新的功能，获得新的价值创造点。比如智能门锁所提供的远程开锁管理和安全能力可以与物业的社区服务进行融合，帮助物业或者智能门锁厂商创造新的价值。

重新选择区别于竞争对手的竞争方式

重新选择竞争地点。利用5G带来的低成本管理优势选择在竞争对手的销售力量和市场影响力薄弱的地区展开竞争。比如企业可以把工厂迁移到距离客户最近的地方或者把销售网点转移到四线、五线城市。在农村和四线、五线城市有很多大品牌的山寨品牌大行其道。这些山寨品牌的做法其实也值得思考。他们为企业提供了如何避开竞争激烈市场的思路，把用户触点从线下转移到线上。比如企业可以将线上零售店提供给客户，通过在线方式将产品进行展示、体验和销售，与顾客互动，改变与竞争对手的竞争地点。5G的大带宽能力与虚拟现实技术结合，可以为顾客提供身临其境的实体店的真实体验。在这样的技术能力之下，企业完全可以通过建立线上数字化体验，创造新的、低成本的销售渠道。与对手的竞争从高成本的线下实体店转移到线上。

重新选择竞争对手。比如汽车公司的竞争对手将是出租车公司。而在中国，滴滴或许会成为这些汽车公司的竞争对手。5G能够对不动资产实现在线实时的管理和运营，将各类产品提供商变成产品承载的服务提供商，创造新的市场机遇，竞争对手也面临着全新选择。

改变与竞争对手竞争的内容。比如改变单纯的价格竞争方式，通过5G带来的新能力为产品在服务保障方面提供创新体验。比如智能汽车通过联网能力获得在线内容和基于交通场景的商业服务，从而提高整车的顾客吸引力。这种竞争就将汽车本身指标之间的单纯对比变成了汽车所能承载的服务内容的竞争。

利用5G构建差异化

企业可以从5G中获得差异化优势。我们从技术视角提供了一些构建差异化的建议。对企业来说，思考构建差异化必须考虑以下问题。

第一，从企业价值链的视角来看，每一个环节需要尽可能地采纳5G等技术。每一个环节都可以成为企业与竞争对手差异化的来源。这一点，迈克尔·波特在其著作中已经非常清楚地进行了阐述。

第二，差异化不能为了差异化而差异化，必须考虑用户的需求、客户的需要以及竞争对手的情况。差异化是为了区别于竞争对手，同时满足客户的需求。所以，在采纳5G技术的时候，企业需要考虑竞争对手是否已经采纳或者自己采纳的方式是否不同于竞争对手，并且这种不同能够带来效率价值的提升或者成本的降低。5G是未来5年至10年最强有力的技术风口，企业应该通盘考虑，尽早采纳5G技术。

第三，差异化可以放到产业链的视角来构建。通过5G技术与上游的供应商建立差异化的协同方式或者与下游的渠道通过5G技术建立新的合作模式。比如与上游供应商的协同可以通过工艺流程的无缝对接，把两个企业之间的合作内化成一个类似于企业所管理的工厂之间的协同。

对企业来说，5G作为融合通信计算智能的技术，最重大的价值在于提高了企业管理和运营的能力。

构建5G时代的核心竞争力

哈默尔认为，核心竞争力具有三个特征：一是企业扩大经营能力的基础，能够帮助企业进入不同的市场；二是能够为顾客最关注的核心长期根本利益创造巨大价值；三是难以被竞争对手复制和模仿。

核心竞争力包含两部分内容，一是资源，二是能力。

打造平台是5G时代企业构建核心竞争力的主要方式。关于平台战略，以及打造平台的具体方式，陈威如教授在其《平台战略》中已经做了非常详细的解读。对企业来说，5G构建平台有以下五个选项。

一是打造交易性平台。也就是一个行业里连接供需双方提供资源交换的平台。比如国内的一些工业互联网平台就提供了在工业领域进行工厂资源能力共享的功能模块。这些平台主要是汇聚行业闲置的、富余的生产能力资源和汇聚行业生产需求，实现行业技术生产资源的共享与交易。

二是打造数据服务平台。利用5G提供的连接计算能力在特定行业或者细分领域实现对某类设备的数据汇聚，数据汇聚之后，平台可以基于汇聚的数据构建数据服务。这种数据平台具有行业基础设施的性质，其价值取决于数据类型及规模，以及数据的实时性和安全性。

三是打造行业能力平台。所谓行业能力平台，是指融合了行业对于连接计算智能的需求与行业知识，这种知识在行业里具有共性的需求，从而形成的一个平台。我们以安防为例，新的安防平台应该具有融入视频的采集传输以及按照安防场景对采集后的视频进行规则化处理的能力。

四是行业连接平台。企业可以依据自身对于行业的理解，基于5G网络构建云网一体化连接服务平台。其基本模式是：5G连接能力+云计算能力+行业连接工具+具备行业属性的连接服务。例如在工业场景中，提供工厂间的特殊安全连接服务，党政客户的安全大容量数据保密通信服务。

五是行业服务平台。直接基于5G的特性，面向行业客户构建行业应用服务平台。其基本模式是利用5G对现有行业应用进行升级和迭代，通过服务的云化，或者对现有云服务叠加5G能力、人工智能能力、大数据能力、实时安全通信能力、专网能力，打造新的行业应用服务平台。

企业构建5G时代核心竞争力的关键资源主要有两种。

第一种资源是企业可管理的机器或者说物的数量和类型。企业可管理的机器设备数量规模越大，对企业来说，不可替代性越强，因为这些能够相互连接的机器形成的网络效应构成了极大的壁垒。在5G时代，大到一台机床，小至一盏台灯，只要企业管理的机器设备数量超过一定规模，都能给企业带来巨大的经济价值。所以对大公司来说，应该追求的是拥有尽可能多的可连接设备的数量和类型。如果管理的设备具有跨越整个产业价值链或者能够与横向的产业产生联系，那么这种资源的价值就具有倍增和放大的作用。比如汽车与宾馆的床位、景点的停车位、加油站的加油机位，这些都可以和车主的自驾场景建立联系。

第二种资源是可连接的机器网络。一般来说，小企业不太可能建立自己的连接系统。那么对中小企业来说，其核心竞争力的构建，与产品能够接入的机器网络规模是正相关的。比如：对生产台灯的企业来说，优先要考虑其生产的台灯能否接入小米的物联网生态系统。对轮船制造公司来说，应该考虑其所生产的轮船是否能够加入已有的远洋船队管理生态系统中。总之，对企业而言，要么自己尽可能多地管理机器，要么选择自己的产品加入那些已经形成规模的机器网络中去。

构建以数据为核心的竞争力，需要考虑以下问题：

在5G时代，数据毫无疑问是企业的核心资源。但是，数据未来在5G时代作为核心资源存在的主要模式，将被一个行业里面为数不多的少数企业巨头所垄断，这意味着并非每个企业都能够把数据作为自己的核心竞争力。对行业巨头来说，把数据及数据服务作为构建核心竞争力的主要目标是一种合理的商业选项。那么，在构建以数据为核心资源的核心竞争力过程中，企业应该考虑的问题包括数据的安全性、类型、规模、开放性、处理能力和实时更新的能力。对其他企业来说，需要考虑的则是自己的产品或者服务在数据开放性方面的能力。一个能够开放更多、更丰富数据的产品就更具有价值。这个道理非常浅显，如果我们把数据比作石油资源，那么，只有能够不断产生数据的这种石油资源的产品才具有持续的、长期的经济价值，才能在市场中具有与其他企业进行价值交换的能力。

数字化的企业经营决策系统将是5G时代企业核心竞争力的重要

基础设施。这个系统需要通过5G提供的数据对企业各类资产活动进行管理，利用人工智能数据，科学等技术实现对整个企业各项经营活动进行精细化管理。未来企业的每一项经营决策，小到个人，中到部门，大到整家公司，都必须建立在以数据为基础的大厦之上，感性和直觉应该让位于理性和数据。

业务运营支撑系统。这是数字化企业的核心基础设施。这个系统主要负责客户关系管理、业务运营支持、定价、计费、收费、客户分析、业务分析。目前在各行业里最为成功的业务运营支撑系统主要来自电信运营行业。电信运营商拥有完备的业务运营系统，在所支持的用户规模和业务规模上，电信运营商的业务系统是其他行业学习的标杆。

构建5G时代的战略资产

尽管对每个行业来说，战略资产的定义各有不同，但是，考虑到数字经济时代，各行各业的产业数字化将成为共同趋势，我们依然可以确定一些对各个行业都通用的战略资产。具体到每个行业以及每个企业选择哪些资产作为自己的战略资产，这是需要所在行业以及企业在行业内的市场地位来决定的。

数据资产是企业构建5G时代战略资产的首要选项

大数据战略重点实验室对数据资产提出了一个新颖的观点，即“块数据”概念，亿欧总结为：一个物理空间或者行政区域内形成的涉及人、事、物的各类数据的总和。“块数据”比“条数据”的“4V”，即 Volume（大量）、Variety（多样）、Value（价值）、Velocity（高速）特征更明显。

如果把数据作为战略资产，那么企业所要做的选择是要构建块数据，还是条数据？在垂直行业企业里的数据资产是将大部分数据以条数据的方式构建。只有在多元化经营的企业，或者类似于智慧城市这样的领域，块数据的构建才能作为战略资产来构建。

在构建数据核心资产的时候，企业需要遵循以下原则：

第一，有价值。企业自身拥有一定规模的数据，并且这种数据在企业所处的行业内具有较高的共享价值和经济价值。所以企业的数据规模和价值是评估企业是否可以选择把数据作为战略资产来构建的首要考虑因素。

第二，开放性。企业需要把数据战略资产定位为一种开放的、可再生的资源，并作为行业的公共资产，而不只是完全的企业私有财产。在5G时代，开放的合作将决定一个企业是否具有竞争力，任何把所拥有的数据资产看作私产的企业都面临着被市场抛弃的风险。

第三，公信力。必须建立数据管理的公信力，取得客户伙伴和监管机构的认可。

第四，整合力。企业必须设置专门的机构投入专用资源，不间断地进行数据资源的整合，那种幻想一次性的，或者短暂获取资源的方式是不可行的。只有坚持和长期的投入，才具备真正把数据变成战略资产的价值。

利用5G构建专利知识资产

5G作为新的技术将与各行业进行深度融合，在这个融合的过程中，新的方法流程装置将被大量创新出来。在这个过程中，企业需要把这些与5G融合的知识形成专利。在数字经济时代，产品将会从属于某个系统，或者某个网络的形态而存在。这里面将会涉及大量的技术知识的交叉，如果企业没有自己的专利资产，那么将会处于非常被动的地位。

拥有网络基础设施

对大型企业或者具有行业领导者地位的企业来说，拥有自己的专属网络基础设施非常有必要。这些网络基础设施应该是企业的办公设施、生产系统、人力资源系统和土地等同等重要地位的战略资产。因为5G在技术体制的设计上充分地考虑了各个行业对网络设施的需求。例如，对行业内的大型企业来说，自己建立或者租用电信运营商的5G网络，构建自己的基础网络设施就成为整个企业运营的关键部分。拥有自己的网络基础设施可以为企业提供更加灵活、便捷、安全连接的计算服务，企业在适应快速变化的数字经济时代，能够建立起自己的优势。

建立与5G时代匹配的核心流程

与5G匹配的核心流程是指用来处理因为5G技术的出现而新出现的事物、任务、资产的流程。这些核心流程的出现意味着企业需要增加新的部门，设置新的岗位，建立新的运营标准。

把在线设备的增长纳入企业运营的核心流程中。对传统行业的企业来说，需要认识到数字化转型的重要性。一个非常重要的评价指标就是企业拥有的在线设备规模，企业应该把在线设备的规模视为企业的核心战略指标之一。因此，企业需要设置专门的流程来推动、评估并促进在线设备数量的增长。

建立数据运营的专用流程。企业需要把数据视为与土地、资本、劳动力和企业家才能同等重要的生产要素，那么，在数据资源的获取、运营、使用和分配等各个环节，企业都需要建立与之匹配的运营流程。比如，企业应该设置专门的数据资产经营部门，对企业或者行业的数据服务进行价值经营。还比如，企业应该设置专门的数据交易部门，持续不断地从各个方面获取数据，就像融资部门从银行获取贷款一样。或许企业应该把数据的采购视为与普通原材料采购一样的企业行为。

建立知识资产管理过程。知识资产属于企业内部所拥有的显性或隐性的资产。这些知识资产对企业有帮助，所以，企业有必要对所拥有的知识资源进行有效的组织和管理。企业数据的增长和在线设备的增长需要企业建立专门的知识资产管理流程，对企业内部的知识资产进行显性化管理，提高整个企业资源的运营效率。

建立开放的生态运营流程。建立一个生态，或者选择一个生态进行加入，在5G时代变得至关重要。企业需要对所建立的或者所要加入的生态与企业发展战略匹配性进行评估，并对企业所拥有的资源与生态关系进行审查。生态运营是解决企业能力与资源的问题，在整个行业中取长补短、共赢增长的过程。企业不论大小，都需要拥有自己的生态策略。

以上是我们列举的一些与5G时代发展需求所匹配的必要性核心流程。这些流程在实际的采纳过程中，需要考虑企业所处的行业、自身的竞争地位以及产品的特性，并与现有的企业核心流程进行整合。

对客户履行和支持进行创新

在客户履行和回应支持方面，企业可以利用5G的新能力进行以下创新。

第一，在产品推向市场方面：

（1）利用在线设备组成的现有客户网络进行产品推广。企业可以充分利用这些设备的能力，比如说显示能力或者交互能力向已有的客户进行产品的推广。

（2）通过建立虚拟的在线产品进行市场验证和用户测试，然后再进入实物产品的生产和制造。

（3）为用户提供在线的设计工具，由企业的专业人士与用户共同进行产品设计。

（4）把产品看作基础载体，企业通过后续不断的功能升级向用户交付更多服务。

（5）利用自动驾驶向客户进行产品交付。

第二，在渠道方面：

（1）利用虚拟现实或者增强虚拟现实设备建立线上的体验销售。

（2）利用5G视频人脸识别支付等技术建立无人网点。

（3）把已有的在线设备作为产品销售的触点。

第三，在客户支持方面：

（1）提供使用人工智能的客户服务系统。

（2）提供基于增强虚拟现实的技术支持系统。

（3）提供具备远程交互操作和协同客户技术支持系统。

（4）提供具有视频能力的客户服务系统。

（5）基于客户的设备运行情况，提供故障管理和预测告警能力。

（6）对客户使用产品提供实时培训和指导服务。比如在抽油烟机上增加视频功能，企业可以提供指导家庭主妇进行烹饪的服务。

在信息与洞察力方面进行创新

信息是指企业从自己的客户和用户处获得的数据信息。洞察力是指企业对这些信息进行分析和处理的能力。

5G在这方面可以帮助企业培养颠覆性的提高信息和洞察力的能力。

企业在获取用户信息方面有以下五种方式：

第一，利用在线设备经过用户授权直接获得产品的运行信息、被使用的信息、状态信息包括位置信息。

第二，与自己的客户建立信息交换的市场机制，由用户进行数据的共享。

第三，从行业巨头处获得开放的、公共的行业信息。

第四，从在线设备运营中获得对自己有价值的用户信息。

第五，与下游渠道建立产品的运输销售以及顾客购买行为的信息共享机制。

企业在向用户或客户提供信息方面，主要有以下七种方式：

第一，企业需要向用户提供产品的数据开放能力信息。要清楚地告诉自己的用户，这些设备将会采集并向外提供哪些信息。

第二，设备所接入的网络或者生态的信息，该设备会与哪些系统及设备进行通信。

第三，用户对接入设备的连接计算智能以及数据的控制方式。

第四，对用户使用中涉及敏感信息的采集，应该及时告知，并经由用户进行选择确认。

第五，设备对所采集的数据使用的方式。

第六，所提供设备或服务的人工智能的能力。

第七，设备对于当地的法律和法规所遵循的程度。

在洞察力方面，企业可以利用5G在以下方面获得新的洞察能力：

第一，用于改善产品的设计。通过对用户实际使用产品的行为、使用环境、使用地点和使用方式的洞察优化自己的产品设计。比如苹果在早期进入市场之后，很多用户会发现，在温度较低的地区苹果会死机。对死机信息与温度和地点的洞察，显然可以帮助苹果改善产品的设计。

第二，用于发现新的细分市场。通过5G提供的设备状态信息、位置信息或使用信息，可以帮助企业了解产品在特定区域中行业客户的使用情况，从而帮助企业发现新的市场，或者对产品在新市场进行重新定位。

第三，用于市场的预测。通过对产品信息、渠道信息、库存信息以及用户需求的洞察，可以实时对市场进行预测分析，用于生产研发规划。

第四，用于企业资源利用率的洞察。比如在渠道管理方面，可以通过5G提供的技术，对各个渠道的效能进行评估，用于渠道成本的精准配置和优化。

第五，用于与竞争对手进行对标。对产品的价值成本、渠道推广的方式以及客户使用的方式与竞争对手进行对标，改善自己的弱势竞争因素。

第六，用于配置渠道或服务资源，可以通过对设备在不同区域的分布以及市场需求的预测，实时优化服务网点资源、物流资源配置。

与客户在关系动态方面进行创新

5G为企业提供了一种新的能力，也就是说，产品从自己的企业转移到客户，是与客户建立新联系的开始，而不是产品销售的终结。

第一，无论是在营销推广、产品交付环节，还是在客户服务、售后支持等环节，企业都应该尽可能地寻求与自己的客户建立直接的联系。企业需要利用5G等技术建立与客户的直接联系，这些技术包括视频客户服务系统、企业视频彩铃、远程在线技术支持系统。

第二，企业需要具备7×24小时与客户互动的能力。通过引入高级人工智能技术应用，在销售服务环节满足客户在任何时间、任何地点与企业建立联系的需求。

第三，企业要具备帮助客户对设备进行管理和运营的能力。在客户的授权范围之内，帮助客户提高设备的资源利用率，减少故障的发生。

第四，企业应该根据自己拥有的行业知识，或者从客户侧获取行业经验，为自己的客户提供充分发挥设备价值的建议。

第五，企业应该寻求在客户的企业价值链中的价值，在每个环节建立联系，为企业价值链的价值活动提供技术支持。

所以，对5G时代的数字化企业来说，理解你的客户的企业价值链和产业链对提高产品独特的竞争力至关重要。因为你需要在客户的每个经营活动中思考如何与你的客户建立持续、长久、有价值的动态关系。通过这种动态关系的建立，使自己所提供的产品和服务成为客户企业价值网络中不可替代的一部分。

与客户建立新的定价关系

企业可以利用5G提供的连接位置计算和智能能力重新建构自己与顾客的定价关系。

5G为企业提供了在定价关系方面的改变，有以下选项：

（1）基于使用量的定价。企业可以实时监测设备的使用情况，并根据设备的使用量进行定价。这种定价模式，一般用在电信行业中。5G技术的应用，为企业实时监控设备的使用情况提供了技术基础。比如工程机械厂商可以针对工程机械的使用情况对买家进行收费，收费的结构包括位置、里程、工作量油耗等项目。

（2）基于位置的定价。企业可以根据设备在不同的位置进行定价。基于位置的定价，本身反映的是企业产品在不同市场区域所具有的价值。

（3）基于计算能力的定价。因为计算能力在未来将是各种产品的标配，那么计算能力的大小将构成企业进行定价的基础。企业可以根据计算能力的大小区别开，并提供不同类型的产品。

（4）基于人工智能的智能能力的定价。我们乐观预计人工智能将会像电力资源一样成为一种通用技术。如果这个假设成立，那么人工智能的智能能力将会成为企业进行定价的依据。

（5）基于价值结果的定价。企业对客户使用自己的产品提供一种类似对赌的机制，可以按照企业提供的建议，对产品使用产生的价值进行对赌，从而对产品进行定价。当然，这需要企业拥有强大的人工智能能力和相对完备的信息数据，以及基于信息的洞察能力。

（6）基于场景的定价。通过对产品应用场景的精细化识别，企业可以对产品在场景上所贡献的价值进行定价。

（7）基于时间的定价。通过区分产品在不同时间的使用情况，区分产品的价值并依据这些价值对产品进行定价。

（8）基于实时竞争信息的动态定价。企业可以按照竞争对手客户需求以及上游的成本变化情况，实时调整产品的价格。

（9）基于趋势的定价。通过对竞争市场趋势的分析，对价格进行调整和预测。

（10）基于竞价的定价。类似于在股票市场的股票定价机制，由供需双方共同确定产品的价格。

（11）基于垄断的定价。企业通过垄断数据资产进行垄断性定价。

（12）基于成本的定价。企业通过对上游供应商原材料价格的变化优化调整自己产品的价格。

（13）基于可靠性的定价。企业可以把设备的稳定运行作为定价的基础，按照设备的故障率进行定价。

（14）基于服务质量等级的定价。企业可以按照向客户提供的服务质量等级以及实现的程度进行定价。

（15）基于连接的定价。企业可以按照管理的在线设备的规模、数量进行定价。

当然，定价模式不只是这些。由于与5G融合，企业对自己产品的生产、制造、销售的使用可以实现不受时间和空间限制的管理，从而为企业的定价创造了非常丰富的、多种维度的组合。

建立新型的供应商关系和购买策略

评估与供应商的关系应该考虑以下问题：

第一，产品的数字化问题。在供应商产品方面，企业应该考虑以下问题：供应商所提供的产品和服务是否具备在线能力；供应商的产品是否具备开放的网络接入能力，能够与其他设备网络进行连接；供应商的产品是否具备数据开放能力；供应商的产品是否具备开放的接口；在开放性方面是否符合国家、行业以及企业在安全方面和管理方面的要求。

第二，供应商的企业信息系统。比如供应链客户关系管理是否具备开放性，可以为采购方提供有效的数据服务支持，对供应链进行洞察。

第三，供应商的产品由设备网络数量和位置来决定价值。对于价值的评估可以从供应商的产品可连接设备的规模和数量来进行评估。供应商的产品可连接的越多，网络和设备数量越多，就越具有价值。

第四，供应商是平台运营商还是从属于某个平台的生态企业成员之一。

第五，供应商的开放性问题。这其中还包括供应商的系统数据服务的开放性问题，以及这种开放性的标准化程度。企业应该尽可能地选择开放性友好的供应商。通过自身企业信息系统与供应商信息系统的耦合实现数据层面的互通，能够为企业的生产和销售提供最大化的决策支持。

第六，对于能够同时提供产品以及基于产品的价值利用率有咨询建议服务的供应商，应该优先纳入供应商目录。

发掘5G能力，创新合伙人关系

合伙人是指其产品或服务在满足用户，或客户的需求方面具有互补性的合作伙伴。构建新的合伙人关系需要满足以下条件：

第一，合伙人的产品和服务具备开放的连接性。这种连接性是按照客户需求的场景进行组织的，未必一定存在从属关系。中心化和去中心化都是一种选项。主要设备之间能够协同，按照客户的场景完成特定的任务就符合开放连接的特性。

第二，合伙人在数据服务方面是相互开放的。数据服务既包括产品本身的数据服务，也包括企业的IT系统之外的开放数据服务。这样，无论在产品层面，还是在企业经营层面，合伙人之间都可以通过共享数据资源实现经营价值的最大化。

第三，客户在某种程度上也是企业的合伙人。在产品设计、营销、销售等多个方面的客户都可以成为企业经营的合伙人，为企业提供资源支持。

第四，企业应该把具有人工智能能力的机器也视为合伙人网络的重要组成部分。这些具有一定思考能力、逻辑处理能力，甚至行动能力的机器都应该被纳入智能合伙人的范畴，且用于构建企业的价值网络。

与竞争对手联合

设备的数字化为各行各业都带来了巨大挑战。这些挑战既有技术层面的，又有运营层面的。各个行业的数字化以及海量设备，任何微小的风险对处于在线状态的设备都可能带来灾难性后果。因此，与竞争对手的联合策略就成了5G时代数字化企业的重要课题。

在与竞争对手联合方面，有以下方式：

第一，与竞争对手共享安全数据。对机器设备面临的安全威胁与攻击建立与竞争对手的共享机制，共同开发安全工具，提高整个行业的应对安全风险能力。

第二，共同投资可以改善整个行业数字化水平的技术。

第三，对威胁大量连接设备安全运营的风险采取共同行动。

第四，共同制定行业数字化的规范和标准。这些标准包括设备的记录、数据的管理安全以及人为服务。

第五，共同建立对行业平台运营商的监管规范。

第六，共同关注人工智能等新技术，对在本行业采纳过程中涉及的社会伦理及道德规范进行研究，建立行业标准。

第七，共同建立符合行业发展的数据管理与运营标准。

第八，推动本行业与其他行业的数据交换和运营的开放。

5G带来的数字经济需要每个企业更多的关注。如何与竞争对手联合共同面对数字化世界所带来的安全威胁、数据资产运营以及与其他行业的横向整合和本行业的纵向整合。这一点需要每个行业的领导者厂商承担更多的行业责任。

关于顾客利益配置及公司边界的讨论

当企业进入数字化生存状态之后，关于顾客的利益配置以及公司的边界都将发生变化。就顾客利益而言，企业除了需要关注产品能够给顾客带来直接的功能性价值，还要关注产品因为接入互联网或者由其他机器设备组成的机器网络，从而给顾客带来新的网络价值。比如能联网的汽车为驾驶员提供道路拥堵情况的协同信息，对顾客的利益形成网络经济外部效应。除产品本身的功能，顾客也会更多地关注网络接入之后，产品所具有的价值。

在企业核心战略与战略资产的配置方面，配置的模式也会发生变化。企业可以基于5G网络以及人工智能、互联网、云计算等新一代信息技术，对企业的各项价值活动进行全景透视。基于数据科学的资源配置和管理将成为企业配置战略资产的主要模式。

在5G时代，企业的边界将不再以企业资产、产品拥有的所有权或办公地点等作为界定标准。企业可管理的数据资源、在线设备数量及其规模都在一定程度上被视为企业的组成资产。虽然在法律意义上这些资产的产权可能并不属于企业本身，这是企业边界的扩大。但同时，企业内部的信息系统依然有边界。企业需要开放有关生产制造管理的内部信息，将其提供给上下游企业以及生态合作伙伴。原先从属于企业内部经营等很多信息变成了与产业链上下游和生态进行协同的必要数据。从这个意义上来说，企业的边界缩小了。但是这种缩小将为企业带来更多的市场竞争优势，应该受到企业的欢迎。

在这个环节，我们使用加里·哈默尔的商业模式理论，详细地分析了5G将如何在商业模式的各个方面带来新的改变。这些分析具有一般性。笔者将从抽象的角度，按照企业的价值活动，探讨5G如何一般性地推动企业在商业模式上的创新。

这些分析囊括了企业在价值链活动里的大部分细节，可以用来指导企业应用5G的创新实践。

Part TWO

第二篇

万物互联的5G与垂直行业的融合

5G与垂直行业融合的方法论

5G是一组技术的集合

当我们讨论5G的时候，我们从认识论的角度出发，将5G定义为新一代信息技术的代表，也就是说，5G是一组技术的集合。这种技术至少包括以下内容：

人工智能技术。5G与人工智能的紧密融合是因为5G的带宽和连接能力为人工智能的发展在闭环系统上创造了可能。这种闭环是指人工智能所依赖的数据来源的多样性，计算与连接融合所带来的实时性，以及智能体对于智能设备远程操作的实时性和控制能力。

广域物联网。它为物与物的连接创造了真正的普遍连接的可能。广域物联网作为组成5G的基本技术体系，能满足物与物的通信。这主要有两个原因：一是其本身就是5G的组成部分，二是为5G感知网络的建设提供了解决方案。

对于计算能力的需求，从中心计算向边缘计算和端计算发展。

这种变化使得通信与计算开始高度融合，所以，在5G时代把边缘计算能力视为5G的核心能力。

5G所创造的条件使得万物都会以数字原声的状态存在，在存在过程中数据源源不断地产生，并通过5G创造的连接进行汇聚，所以，大数据和5G具有天然自然的联系。

与5G相关的还有移动安全技术和地理空间的信息技术。在5G之前，这些技术或者受限于计算能力，或者受限于存储，或者受限于通信能力无法满足自身技术目标的实现，而与5G的融合一体化将使得这些技术发生颠覆性变革。所以，我们需要把5G视作一组技术的集合，而不只是单纯的5G。当我们在讨论5G的时候，我们必须与其他技术一起讨论，应用的时候也必须一起应用，否则就是只见树木，不见森林。

5G与垂直行业融合的分析框架

5G为企业提供了丰富的改善市场地位的技术。在寻求利用5G改善市场地位的过程中，我们迫切地需要为各个行业在采纳5G技术上提供一种通用的分析框架。

基于企业活动目标的分析框架

企业的视角是我们分析如何采纳5G的基础。如果不深入企业的内部，我们将无法理解5G如何帮助企业发展。

在我看来，我们可以通过对企业的主要经营活动进行分类这一方式，获得企业采纳5G的一般性分析框架。这个框架包括五个企业的主要活动目标：

第一，企业寻求降低成本的活动。成本优势是迈克尔·波特在竞争战略中提供的改善企业竞争地位的三大战略之一。企业的成本活动，包括与生产管理采购服务以及一般知识性活动有关的各项企业活动。如果5G这样的新技术能够帮助企业降低成本，那么对企业的决策者来说，5G将会被纳入首要的考虑地位。

第二，企业寻求提升效率的活动。效率活动包括人力资源和物质资源在单位时间、空间的利用率。企业希望提高资源的利用价值，面对客户需求时，企业会寻求反应更灵活的活动。比如在单位时间内生产更多符合质量要求的产品。

第三，企业寻求降低风险的活动。企业在日常经营中存在着大量的不确定性，消除不确定性就是企业降低风险等活动。这些风险包括管理的风险、决策的风险、市场的风险、安全的风险、交易的风险、监管的风险以及新技术变革的风险。新技术在帮助企业降低风险方面主要是通过消除信息不对称实现的。

第四，企业通过创新寻求改善市场地位的活动。创新活动本身就包括对新技术的采纳。在企业的经营过程中，创新是企业不断获得优势竞争地位的关键活动。这些创新包括公益创新、流程创新、产品创新、技术创新、营销创新以及服务创新等。企业通过各种创新活动，降低成本，提高效率，改善市场竞争地位。

第五，企业的价值创造活动。价值创造是指企业通过一系列经营活动为企业自身创造利润，提高产品销量，提升品牌价值或者帮助客户提升效用的活动。创造价值是企业所有活动的终极目标。

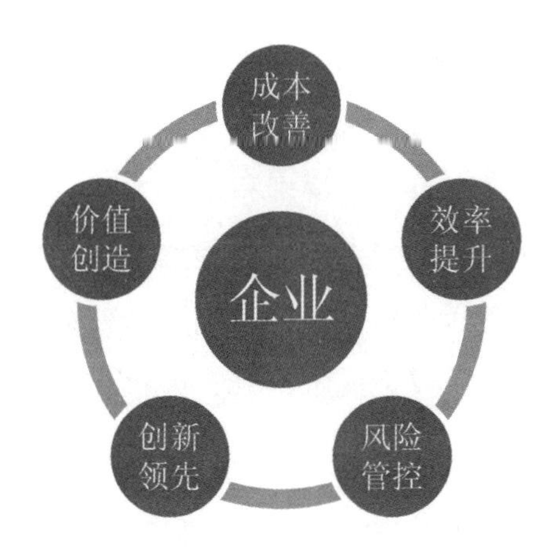

不深入5G技术内部，我们可能仍无法完全理解5G对企业价值活动的影响。下表是5G技术对企业价值活动影响的分析框架，这为我们提供了一些参考。该分析框架主要是说5G各项具体技术的主要影响，并不是说对其他方面没有影响。

5G/企业活动	eMBB	uRLLC	mMTC	MEC	Data	AI	IoT	切片	专网	广域连接
成本改善	++	++	++	++	+++	+++		+++		+++
效率提升				+++		++++	++	+++	+++	++++
风险管控	++	+++	+++		++++	+++	+++			++++
创新领先	++	++	++		+++	+++	++			+++
价值创造	++	++	++		+++	+++	+++			+++

以大数据为例，其在成本改善、风险管控、创新领先和价值创造方面具有显著影响。对大数据的洞察能帮助企业大幅度改善企业价值活动的模式。

而在效率方面，我们把广域连接作为主要的影响因素是因为企业的价值活动主要受空间地理范围的限制，从而影响了企业内部活动的效率。如远程视频会议系统的出现，在很大程度上提高了同一企业分布在不同地点的办公室之间的沟通效率，因而提高了企业活动效率。

基于企业生态圈的分析框架

迈克尔·波特的竞争模型从纯粹竞争的角度为理解企业与周边生态关系提供了一个非常有价值的分析工具。当前企业的发展从竞争走向融合，政府监管对企业的发展影响也越来越重要。到今天，生态系统的理念已经逐渐开始在工业界普及。因此，我们以迈克尔·波特的竞争模型为基础，构建了一个新的企业生态圈分析框架，用于理解5G将如何影响企业的生态圈。

在数字经济时代，企业的生态圈包含六类角色，分别是：供应商、客户、合作伙伴、竞争对手、监管者、行业平台运营商。这六类角色共同决定了一个企业在5G时代或者说数字经济时代的竞争力。

供应商纵向一体化的威胁

在大部分行业，一个企业的上游供应商有着充足的激励，采取纵向一体化行动的优势。上游供应商在产业中一般拥有技术或者产品优势。在5G到来之后，依靠5G提供的大数据和人工智能能力，上游供应商可以快速通过纵向一体化直接进入下游供应商市场。比如汽车制造商，进入出租车、网约车行业。

企业的客户的议价能力

企业的客户在购买决策上，将更多地利用数据进行决策。在5G时代，企业的客户将拥有企业在成本方面的更丰富的信息，这意味着企业的产品或者服务的利润将会受到人工智能的辅助，变得更聪明，企业客户的议价能力会更强。

当然，企业也能够利用新的5G技术，以更低的成本、更高的效率向客户交付产品或提供服务。

新的合作关系

企业与合作伙伴的合作是从甲乙方变成一种协同关系。这种协同既包括产品层面的功能协同，也包括数据协同，尤其是企业的价值链与合作伙伴的价值链进行协同。与合作伙伴的关系从松散的群落状态变成井然有序的协同状态。

竞争对手的竞合

竞争对手可能会从敌对方变成合作方。企业需要与竞争对手共享信息数据，甚至是某些基础设施，以用于改善行业竞争的地位。比如中国联通与中国电信共建通信网络，这在以前是无法想象的。两个在业务上完全同质的厂商共享最重要的网络资源主要是为了降低成本、提高效率，并寻求迅速改善市场竞争地位。

行业的监管

数字化技术进一步降低了行业监管的成本。企业需要遵从行业标准和社会标准，还要符合行业监管的要求。同时，由于产品和服务的数字化，对数据的管理和使用更是企业所面临的最重要的挑战和改变，每个企业必须考虑自己的产品将会产生什么样的数据、被用来做什么，这些数据必须符合国家行业以及企业本身的要求。

行业平台运营商

行业平台运营商为行业提供共性基础设施，这些基础设施包括共享生产资源、渠道、行业智能能力、行业数据。行业平台运营商的存在是为了降低整个行业的交易成本，作为改善行业交易结构的决策者出现。数字经济的发展将进一步促进行业平台运营商的出现，并成为连接行业价值链的关键角色。无论企业是否成为行业平台运营商，都需要考虑如何与行业平台运营商进行合作，并把与行业平台运营商的合作视为改善企业自身市场地位的关键一环。

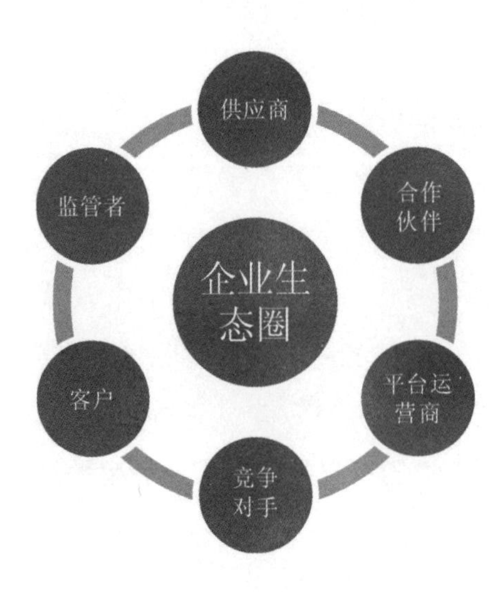

5G/角色	eMBB	uRLLC	mMTC	MEC	Data	AI	IoT	切片	专网	广域连接
供应商					+++	++++	++			++++
客户	++	++	++	+++	++++	+++	+++		+++	++++
合作伙伴	++		++	++	+++	+++		+++		+++
竞争对手					+++	+++	++			+++
监管者	+++	++	+++		+++	+++	+++			+++
平台运营商				+++	+++	++++	++		+++	++++

改善与供应商的关系

企业可以利用大数据更好地了解供应商的成本，从而提高自己的议价能力。

企业通过对供应商产品在企业内部的使用情况进行分析，然后反馈给供应商，帮助供应商优化产品设计，优化产品的成本结构，帮助供应商降低成本。

企业向供应商反馈产品的运行信息以及在实际工况下的质量情况，帮助供应商改善效率。

企业通过对数据的归集或快速采纳，引进技术进行产品创新，建立与客户的关系，提高客户的转移成本，阻止供应商的纵向一体化。

优化与客户的关系

企业应利用5G、人工智能和大数据的能力，通过创新产品功能或者基于数据的洞察，帮助客户创造新的价值。

企业通过对产品功能在云端、边缘侧及客户侧的部署结构进行分解产品架构设计，通过分布式、云端一体化的部署模式设计，对客户实现更深度的绑定，也可以通过为产品提供连接功能，使产品与其他合作伙伴的产品共同组成一个更加复杂的系统，提高客户的转移成本。

企业可为客户的决策和生产提供数据的支持和人工智能的支持，帮助客户提高效率。

重构与客户的关系

企业应为客户使用产品提供全生命周期的服务。5G带来的跨越时空的连接能力可以使厂商的产品为客户提供各个阶段的服务。这些阶段包括产品的生产、销售、使用、维护以及培训教育等。全生命周期的服务，尤其是对具有长期资产价值的产品来说，这对客户的吸引力更大。以一辆汽车为例，从汽车购买开始到最后汽车报废，涉及出行、保养、维修、年检等一系列的服务。汽车若能与5G技术融合，汽车厂商就可以介入其中的每个环节。

在5G时代，客户的购买行为将更多地依赖于对数据的了解。在购买产品之前，客户可能会对产品全生命周期的性价比表现进行对比。对厂商来说，如果没有拥有自己产品在各个生命阶段的数据信息，就无法为客户提供有说服力的决策支持。

企业应阻止客户的后向一体化。企业可以通过网络融合技术，把产品变为服务，以服务形态向客户提供，或者把产品的功能分解到不同的分布单元。比如将部分功能部署在云上，部分硬件部署在客户侧。或者将控制逻辑和业务逻辑进行分离，从而有效阻止客户的后向一体化。企业也可以通过对所在行业的通用数据进行归集，建立数据壁垒，或者通过自己后向整合形成生态壁垒。

企业应努力提高产品的议价能力。企业可通过网络连接或数据与客户的业务进行深度融合。在具备一定的应用规模之后，还可以增加产品的功能，或者以版本升级的方式增加产品的价值。数字化时代，硬件产品的增值将主要通过软件功能的升级来实现。在软件行业，许可证制度通过提供不同版本的功能向用户收取不同费用。这一点也可以应用在大部分可数字化产品上。

企业可通过下面数种方式有效地提高客户的转移成本。厂商可以更精准地了解客户使用产品的情况，为客户提供更好的服务；提供联网产品，把功能部署在云端；为客户的决策支持提供咨询服务；培养影响客户决策的能力；先于客户洞察客户的成本效率和风险。当然，供应商也可以提供性价比更高的产品，通过成本战略，提高客户的转移成本，但是成本降低，可能会影响数字化技术的广泛应用和深度采纳。

改变与合作伙伴的关系

企业可把合作伙伴的产品在客户的应用场景中内化为自主协同的产品系统，通过自己的产品对外提供接口，使合作伙伴通过这些接口，按照客户的场景，对产品的功能或者能力进行调用。以物流场景为例，货运机器人必须提供开放的接口，快速接入到已提供企业资源计划（ERP）功能的系统中，以满足整个企业的资源管理。对于这样的移动场景，可靠的广域网连接是必需的。

企业通过对客户使用产品数据的归集，可以与合作伙伴共享数据，并基于这些数据提供更具有市场竞争力的产品或业务创新。

基于对数据的洞察，企业可以与合作伙伴对产品生命周期的各个环节的风险进行识别，从而对成本进行精确管理，并与合作伙伴分享这些成本。比如在车联网里，基于驾驶员行为的保险就可以视为这样的一个案例。

重构与竞争对手的关系

阻止潜在竞争对手的进入。以5G为代表的数字化技术为厂商在市场信号洞察方面提供了更加准确和及时的能力。厂商可以通过对各种市场信号进行分析，及时发现潜在的竞争对手，并通过降低成本、产品创新或投资收购来阻止潜在竞争对手的进入。这种能力的获得是建立在对市场信号自动化、智能化监测与分析的基础上的。

进入竞争对手无法进入的市场。对优先采纳数字化技术的厂商来说，他们可以利用新技术降低成本、创新产品，以进入竞争对手无法进入的市场。这些市场之前可能在空间距离、交易风险、服务质量要求等方面均需一定成本，那么，采用了新的数字化技术之后，比如利用自动驾驶技术为偏远的平原地区提供货物运输，它的相关成本便降低了。

与竞争对手共享数据。这些数据包括产业链的风险数据、安全运营数据、产品可靠性数据。一般来说，这些数据都具有对一个行业产生普遍影响的特点。与竞争对手共享这些数据，既可以提高自身收益，也可以改善整个行业的竞争地位，阻止替代品的进入或消费。

重新确立与行业监管者的关系

政府对行业的监管将越来越多地采纳数字化技术。厂商在设计产品的时候，必须把如何满足监管者的要求作为产品设计的基础选项。比如对于网络介入产品的安全要求，国家相关部门出台了大量的规范性文件和技术标准。在数字化合规上，厂商的产品必须首先满足向行业监管者提供可管理的接口，包括数据接口和控制接口，以满足行业监管者对设备系统安全运行的要求。比如在电梯领域，电梯的运行必须符合国家质量监督局的技术规范，厂商还必须在日常运营中为电梯的业主单位和行业监管部门提供可监控的接口。

企业可通过数据报告对行业监管者进行游说。行业监管者在进行产业政策决策或科研项目立项的过程中需要企业提供更加完备的信息。在这方面，如果企业拥有对自身运营及产品使用的完备信息，那么在获取监管者的政策扶持方面会有更大优势。

支持行业监管者的产业决策。行业平台运营商可以利用自身在行业中的信息资源优势，给行业监管者在产业政策的调研、制定以及评估过程中提供基于数据和人工智能的决策支持。

支持行业监管者建立行业标准。对于5G等新兴信息技术与行业的融合，需要行业的从业者利用自身的行业知识和经验优势以及市场地位，协助行业监管者建立技术标准。

改变与平台或平台运营商的关系

与行业平台融入，建立行业设备平台。企业可对行业内大量使用的设备进行数字化改造，并接入到通用的行业平台，对设备的运行维护提供运营服务，帮助客户提高效率或降低风险。富士康研发的刀具云平台或机床云就是很好的例子。

建立行业的资源共享平台。企业可以将生产线接入互联网，进行数字化改造，以互联网车间或互联网工厂的形式存在，为行业的其他订单提供生产服务。

建立行业连接管理平台。由于5G网络对连接的管理提供了更为复杂的技术门槛，未来各个行业中都将出现专用的连接管理平台，这些平台能通过对行业需求的理解满足行业客户对带宽速率容量、实时性以及可靠性的连接需求。计算服务和人工智能服务也将沿着这个路径进行发展。

使用行业平台的连接计算能力，与行业平台建立关系。对于设备的连接管理或者计算服务，出现了越来越多的通用行业平台。厂商在开发产品的时候，需要尽可能地考虑利用更具有稳定性和可靠性的计算连接平台。这些连接平台可以提供设备管理服务，比如中国移动的OneNET平台。

与行业平台的其他生态伙伴建立联系。一般来说，厂商的产品在满足客户需求的时候，只能满足特定功能和部分场景，如果厂商能够与行业平台的其他生产伙伴借助平台提供的连接计算和服务能力进行协同，产品在客户侧的价值和使用的范围均可得到显著改善。

5G与垂直行业融合的六大路径

5G和各垂直行业如何融合，这是一个当前需要思考和实践的关键问题。在回答这个问题之前，我认为有两个基本问题需要首先回答，一是对5G的定位，我们应该把5G看作一种通用技术；二是对融合的理解，这里是指在管理、生产、销售、计划的各个环节，企业和行业应该把5G视为必要的生产力工具纳入组织。

下面我们讨论5G与垂直行业融合的主要路径，或者说模式。

替代融合

替代融合是指垂直行业对现有网络连接技术进行替代，采纳5G作为新的技术方案进行工艺和生产流程的改造。

移动对固定的替代曾经大规模地发生在电信行业本身，造成的结果就是固定电话业务迅速萎缩。

比如在工业制造领域中大量存在的优先控制网络、办公室的有线办公网络、楼宇建筑的控制网络，都是5G替代的对象。未来一定是能够使用5G无线接入的地方，移动会被替代。

升级融合

升级融合是指垂直行业已经采纳了4G、2G或Wi-Fi等网络，采纳5G对现有的技术方案进行产品升级。

对带宽的持续追求是技术移动通信行业进步的原动力，也是各个行业发展的内生需求。我们应该坚信，如果有带宽更大的网络，人们一定会选择抛弃较小带宽的网络。即使较小带宽网络成本更低，也一定会被抛弃。

比如支持4G或者Wi-Fi的视频监控摄像头、携带2G模组的水电气表、车载移动终端、移动pos机、各种特种车辆、共享单车以及大量被监控的设备、远程维护的设备、移动的设备，随着网络覆盖和接入成本降低，都是5G升级的对象。

连接与计算融合

连接与计算融合是指在垂直行业的计算场景中与连接融合，连接即计算，实时连接带来的是实时计算，无须对获得数据进行等待即可获得处理的结果。

在传统行业有大量的计算场景都是离线处理、后台处理、准实时处理，这使得垂直行业的管理和生产效率受到限制。

人工智能、边缘计算和5G这三种技术的融合将使得计算与连接融合，比如在工业视频监控中对实时计算有大量需求，需要人或者装置做出实时反应。

这种计算与连接的融合，一是推动大量产品智能化；二是大规模普及人工智能；三是推动管理和生产的决策前移到一线和边缘。

专网融合

专网融合是指垂直行业客户对5G的采纳主要是采用建设专用或者私有网络的方式，获得5G的能力以及管理的灵活性。

笔者认为，行业专网（私网）将是5G与垂直行业融合的主流范式。一是5G的技术体制能够对行业专网提供良好的支持，比如5G切片技术；二是大规模的5G建设的确需要大量资金，单纯依靠电信运营商难以满足快速采纳5G的需求；三是行业客户自己拥有更丰富的行业知识和管理网络特性的经验。

目前，部分国家对专网发布了专用频谱，比如美国。也有像奔驰这样的大型制造企业联合运营商和设备商部署5G专用网络，部分运营商开始面向垂直行业提供或者建设行业专网，比如AT&T和威瑞森电信。

标准融合

标准融合是指5G与垂直行业的技术规范和标准融合成为行业标准的一部分。我们知道在各个行业均存在信息化的规范和标准，包括国家标准和行业标准，也有很多大型企业有自己的企业标准。

5G与垂直行业的融合，终极技术路线是与这些行业标准的融合，这需要电信行业与垂直行业的标准化组织及行业领导者共同努力和探索。

垂直行业对5G的采纳需要一个规范和严谨的过程，这里面既要有理论的探讨，也应该有实验室的验证和测试以及示范试点。关键是要有创新的开放思维和态度。

商业模式融合

商业模式融合是指5G带来的泛数字化能力将进一步加快平台经济在垂直行业的发展。我们自然同意5G带来的极大好处是任何人、组织、物都是可以数字化的对象，是可以计算和连接的对象，这将为人类有史以来最伟大的基础设施之一的互联网增加数以百亿计算的智能节点。

平台经济是互联网的主流商业模式范式，5G将进一步推动垂直行业的平台化和去中介化，加速现在垂直行业的商业模式向平台经济发展，比如目前我们看到的基于自动驾驶的租赁公司、工业互联网平台、智慧城市运营商等。垂直行业应该思考的问题是，如果你的行业出现一个平台巨头，你的商业模式是否还具有韧性，你的产品和服务会不会被替代掉、解构掉。

5G时代平台经济的交易结构、成本结构、行业利润分配结构以及平台能力将会发生变化，在各个垂直行业将会对现有平台商进行解构重构，也会出现新的平台。

以上是5G与垂直行业融合的六大路径，其中，技术路径上的终极融合目标是标准融合，商业路径上的平台经济范式将是垂直行业数字化的主流，也是5G与垂直行业融合价值目标指向。

行业巨头是5G商业模式的主导者

我曾读到过一个观点：在5G时代，传统行业巨头极有可能替代电信运营商（MNO），成为所在行业的移动虚拟网络运营商（MVNO）。这个观点有一定道理。

比如汽车行业，通用、福特、上汽、一汽等汽车制造企业都有可能成为汽车行业的专网运营商，他们租用电信运营商的网络切片，自己设计业务，负责计费，负责运营和服务。

纯粹的逻辑推导似乎会支持这样的事情发生。

5G的设计者们从一开始就下了一盘大棋，他们以创始者的身份希望把每个行业都关联进来。为了说服保守、决策缓慢、迟疑、业务复杂的传统行业，5G的设计者们至少在以下两个方面做了极大的努力：一是在无线接入上，无论是大带宽业务，还是低时延需求，或者大密度连接，5G都准备了充分的技术方案来满足各个行业的要求；二是他们提出了网络切片的概念，向其他行业表示电信行业可以为每个行业提供一个逻辑上独立的核心系统和架构，能够充分满足每个行业完全不同的业务需求。当然，为了说服传统行业，各种以灵活性名义声称的技术几乎都被引入了5G系统，从NFV到SDN。总之，设计者们的目的就是告诉所有人：5G是有足够柔性的、足够灵活的。

所以，5G成了类比电力的通用技术。从改变生活到改变社会，逻辑上十分自洽。

由此推知，在5G时代，电信运营商向各个行业销售的基本单元应该是一个个切片，比如汽车切片。

运营商有两个选择：一是将汽车切片销售给汽车巨头，再由汽车巨头作为MVNO为汽车行业提供服务；二是联合汽车巨头设计好切片，销售给汽车行业，直接提供服务。

如果我是汽车巨头，我只会偏好第一个方式。因为在汽车行业中，汽车巨头拥有电信运营商所不具备的行业知识和行业资源，无论是在计费模式、业务创新上，还是在业务运营上，尤其是在怎么赚钱这件事情上，汽车巨头比运营商拥有太多知识势能优势了。

汽车巨头会有耐心，会由利益驱动去教电信运营商在汽车行业里怎么赚钱吗？我不怎么相信这样美好的事情会发生。

在事实层面上，汽车厂商的确是在积极地布局行业专网。

据媒体报道，2018年11月初，德国汽车大厂宝马、大众汽车、奔驰皆表现出在自家工厂产线部署5G私网（Private 5G Networks）的高度兴趣，主要是为在2021年之前开始进行自动驾驶汽车的制造做准备。如工厂中的自动驾驶堆高机（self-driving forklifts）将是实现工厂智能化机器人的一环，且一旦自动驾驶汽车制造完成，即可启动自驾模式，自行从产线在线移动至仓储端。

汽车业者期望未来能够不依赖德国运营商的5G基础网络设施，避免将数字转型的工作托付于运营商，主要因素在于汽车业者希望自行确保、负责自身的数据信息安全与网络可靠性，避免工业间谍与黑客攻击等事情的发生。宝马已向德国联邦网络局（Bundesnetzagentur）提出自建5G私网的意愿，且大众及戴姆勒（Daimler）亦有相同的意向。

德国联邦网络局表示，现阶段，已有多家制造业公司对5G网络的部署进行了相关研究。根据现行的德国法规，针对专属区域性频段并未有明确的授权规范、流程与定价条例，而全国性的5G频谱拍卖已在2019年举办。因此，诸如汽车制造业者或其他有意部署5G私网的企业，仍须观望后续频谱释出情况。

根据爱立信（Ericsson）委托ADL咨询公司研究发布的报告指出，2026年，垂直应用产业在透过5G进行数字化的过程中，将为各种系统设备、运营商与其他ICT业者带来超过1.32兆美元的商机。因此，对爱立信、诺基亚、华为等系统设备业者而言，5G时代带来的商机已非过去的3G、4G一般集中于面向大众的移动通信服务，而是深入各垂直产业的应用当中。

行业巨头只需要给电信运营商提清楚需求，由电信运营商负责做好网络切片，配置好网络策略，维护好网络稳定就可以了。至于实际的运营和商业模式创新，其实和电信运营商关系并不大。在此场景下，电信运营商实际上是彻头彻尾的管道，而且是端到端的管道。

从目前来看，行业市场将是5G故事的主角，而电信运营商对行业的理解还从来没有深入过，它始终作为管道者的角色存在。不同的是，5G让运营商多了一些管道卖点，比如可以卖切片了，但是不是有可能将来就是切片打天下呢？

所以，在5G时代，我认为电信运营商没有什么主导权，尤其是在业务和商业价值的分配上，更是没什么主导权——业务将交给行业伙伴，商业价值分配将受控于传统行业的巨头。

这个趋势无法避免，谁让5G的目标是要改变和融入每个行业呢？

不过，没了主导权的运营商是不是会更能赚钱呢？

制造行业的数字化转型

制造业与5G融合一般性框架

凯捷咨询公司（Capgemini）对全球多家工业制造业和电信运营商做了调研，研究样本包括800多家工业制造业和资产密集型企业以及150个电信公司的高管。

在这份报告中有几个关键的发现：

1.5G位列云计算之后，排名第二，被制造业视为数字化转型的关键技术。有75%的工业公司认为，5G在未来5年之内是最重要的数字化转型智能技术，5G排在了人工智能和数据分析技术之前。

制造公司认为5G是数字化转型的关键								
云计算	5G	自动化	无线连接	流动性增强算子	机器人	人工智能/机器学习	大数据分析	制造
84%	75%	73%	68%	67%	66%	66%	61%	55%
技术推动	技术推动	创新应用	技术推动	创新应用	创新应用	技术推动	技术推动	创新应用

在凯捷看来，5G是驱动实时图像处理、边缘计算、先进自动化技术以及AR、VR的连接引擎，是一种更为基础性的技术设施。

2.连接问题是阻碍工业制造业数字化转型的大问题。凯捷发现，近半（44%）的工业制造业公司认为连接是阻碍数字化转型的大挑战，这些公司对连接问题的描述集中在三个方面：网络覆盖、信号可靠性、网络速度。有65%的客户希望能够在两年内实现5G应用。

各国愿意开展5G业务运营的组织比例			
	1年	1年—2年	总计
英国	23%	52%	75%
意大利	35%	40%	75%
西班牙	21%	48%	69%
美国	21%	47%	68%
挪威	8%	60%	68%
法国	30%	37%	67%
荷兰	20%	45%	65%
比利时	13%	50%	63%
瑞典	23%	40%	63%
加拿大	27%	33%	60%
韩国	13%	45%	58%
德国	13%	45%	58%
全球平均	22%	43%	65%

我们可以发现英国公司对5G的意愿最高，但是，意大利的公司好像最迫切。至于德国公司低于平均水平的原因，凯捷认为这与德国在工业4.0方面的推进有关，但是凯捷也指出，德国主要的制造业公司，例如奥迪、巴斯夫都在积极拥抱5G。

按行业申请许可证意愿比例图			
	1年内实现	1年—2年实现	总比例
航空航天及国防业	21%	56%	77%
半导体及高科技制造业	26%	46%	72%
机场，港口，铁路运营商	10%	60%	70%
制药公司和生命科技公司	21%	49%	70%
能源及公共事业	26%	43%	69%
汽车	28%	38%	66%
化学（包括石化）	17%	48%	65%
油及汽业	17%	48%	65%
医疗设备制造业	13%	50%	63%
消费品制造业	16%	46%	62%
化学（包括石化）	19%	42%	61%
机器制造	19%	35%	54%
物流	26%	23%	49%
全球年均值	22%	43%	65%

3.航空航天及国防业、半导体及高科技制造业、大交通（机场、港口、高铁）位列前三。从企业规模看，资本实力是影响5G应用的关键，百亿以上的大公司对5G的兴趣远大于10亿以下的公司。5G的确是有钱人的游戏。

大公司更希望尽早采用5G				
	美元500M—1B	美元1B—2B	美元2B—10B	超过10B美元
1年	11%	18%	27%	32%
1年—2年	46%	42%	44%	42%
总计	57%	60%	71%	74%

4.5G的安全能力是受访公司极为看重的一点：5G增强的安全机制以及广泛的安全用例场景。安全和运营效率是5G采用的主要驱动因素。

安全性和运营效率是采用5G的主要驱动力	
投资5G的商业建议	
更多的安全操作	54%
提高运行效率，节约成本	52%
有能力更快地推出新产品	43%
更好的客户体验	31%
提高生产力	21%

超过三分之二高管认为服务质量（QoS）是他们最看重的5G特性，然后是安全，其次才是可靠性和低时延等。至于大带宽，反而排在最后。

专家认为5G的几个特点对数字转型至关重要	
服务质量保证	67%
增强安全性	65%
高可靠性和低时延	62%
大型机械通信	60%
增强移动带宽、速度和容量	59%

5.虽然大部分公司对5G很热情，但是，成本依然是阻碍他们应用5G的主要障碍。凯捷认为，任何5G投资都应根据其业务影响（例如提高生产力）、多功能性（支持和扩展异构用例的能力）以及替代/替换多接入技术的能力进行分析，还要看长期效应。

6.全球运营商认为在未来5年内，SA（Standalone，独立组网）才会获得大规模应用，但只有5%的受访运营商计划在未来1年到2年推出SA网络。

预测5G功能实现的时间线						
	6个月	1年	2年	3年	3年—5年	5年及以上
5G商用发布（非核心独立网络）	大容量	大容量	大容量	大容量	大容量	
	高速率	高速率	高速率	高速率	高速率	
推出毫米波频谱		局部地区的巨大速度	局部地区的巨大速度	局部地区的巨大速度	局部地区的巨大速度	
		减少广播延迟	减少广播延迟	减少广播延迟	减少广播延迟	
推出5G独立核心网络		超可靠性	超可靠性	超可靠性	超可靠性	超可靠性
		边缘计算的低时延	边缘计算的低时延	边缘计算的低时延	边缘计算的低时延	边缘计算的低时延
		通过网络切片来保证服务质量	通过网络切片来保证服务质量	通过网络切片来保证服务质量	通过网络切片来保证服务质量	通过网络切片来保证服务质量

对运营商来说，好消息是客户对5G的付费意愿好于运营商的预期。例如，72%的工业公司表示，他们愿意为提高移动宽带速度和提高容量支付额外费用，但只有54%的电信公司认为客户有兴趣支付额外费用。更高的速度和设备密度给运营商提供了新的定价机会。

行业参与者的溢价意愿与电信行业参与者对溢价意愿的感知存在差异					
	大型机械通信(差异值超过15%)	增强了移动带宽的速度和容量(差异值超过15%)	提高安全性能	提高可靠性和低时延	保证服务质量
电信运营商对行业意愿的感知	53%	54%	68%	71%	74%
行业参与者愿意支付溢价	69%	72%	77%	78%	79%

7.近三分之一的受访公司希望能够自己申请5G许可，建设自己的专有网络。从全球来看，美国和德国为专有网络保留了频段，但是意大利、法国、西班牙当前并未开禁分配频段和5G许可。我们的理由也很充分，制造业客户把5G网络视为公司重要的战略资产投资，并且希望获得部署网络的自由或者能够依靠牌照与电信运营商合作增加议价能力。

近三分之一的人计划自己申请5G牌照			
您的组织是否已经在您的国家申请了5G牌照(或者正在考虑这样做)	是的	不是	不确定
	33%	47%	20%

从国别来看，美国和法国的公司意愿十分强烈，全球平均超过了三成国家希望自己建网。

按地域申请许可证意愿比例图			
	愿意	不愿意	不确定
美国	44%	44%	12%
法国	41%	41%	18%
瑞典	40%	45%	15%
荷兰	33%	33%	33%
英国	32%	46%	21%
比利时	30%	70%	
意大利	30%	45%	25%
德国	28%	48%	23%
西班牙	27%	41%	32%
挪威	25%	54%	21%
韩国	23%	54%	23%
全球年均值	33%	47%	20%
信息来源：凯捷咨询公司			

而从行业维度来看，国防、化工、石油自建网络的意愿排名前三。

按行业申请许可证意愿比例图			
	愿意	不愿意	不确定
航空航天及国防业	47%	35%	18%
化学（包括石化）	43%	37%	20%
油及汽业	38%	50%	13%
消费品制造业	35%	47%	18%
物流	33%	50%	17%
汽车	32%	51%	16%
半导体和高科技制造	31%	47%	22%
能源及公共事业	29%	51%	20%
机器制造	27%	50%	23%
制药公司和生命科技公司	26%	43%	30%
全球年均值	33%	47%	20%
信息来源：凯捷咨询公司			

凯捷分析认为，影响客户自建专用网络的因素主要有以下三点：

1.5G专用网络将提供更多的自主权和安全性。某些行业参与者把连接基础设施作为一种战略资产，能够为自己提高生产和质量绩效，同时促进创新。那么，控制并拥有这一战略资产就被视为创造差异化竞争优势的必要条件。

2.公司对电信运营商满足他们要求的能力表示怀疑，担心会延误。

尽管对5G的优点深信不疑，但部分公司对电信运营商的意愿和能力表示怀疑，对能否满足行业对安全和网络的要求、可用性，提供保证的服务质量并没有信心。

3.工业公司担心5G的推出可能需要太长时间。这种延迟可能是由于频谱拍卖的延迟或覆盖范围只集中在城市密集区造成的。

那么，电信运营商到底能否抓住5G在工业制造领域的机会呢？

凯捷认为，短期来看，5G可以与现有的工业技术快速融合；长期来看，将能够替代现有的工业技术。

在凯捷看来，电信运营商不会因为某些客户建设专网而被替代。主要有以下原因：运营商拥有广泛的频谱组合和技术接入；运营商更了解如何设计、构建和运营强大的现有公共网络覆盖范围。某些运营商还具有集成能力和产品组合数字服务。5G专用网络将是本地网络，只是工业公司仍需要通过公共电信网络提供广域连接。但运营商的确会面临来自设备制造商、虚拟运营商以及垂直行业应用商（通过集成运营商的网络提供服务）的竞争。

凯捷识别了制造领域的5G应用场景。

车间作业应用	
基于边缘计算的实时分析	5G可以把10倍至100倍以上的设备连接起来获得实时信息，利用边缘计算，这些信息可以转换为实时分析。5G将实现边缘和云资源的灵活管理，如应用程序的按需部署或数据传输。
生产线远程视频监控	5G更快的无线通信可以提供高质量的实时视频监控。
生产线分布式远程控制	5G的保证服务质量和超可靠、低时延网络从远程指挥中心对设备进行时间关键的操作。
人工智能驱动和遥控驱动	5G快速可靠的数据传输能力能够以适当的安全级别提供这些创新设备的传感或远程控制能力，例如协作机器人、自动驾驶汽车、无人机。
实时服务和故障报警	5G网络的低时延能力可以实现远程系统的实时紧急关闭。5G可以利用其在更可靠和安全的网络上连接更多设备的能力，提高监控和警报系统的效率。
通过AR、VR的远程操作，维护、培训解决方案	5G的超低时延和高带宽将支持基于云的高分辨率AR、VR服务的开发。
预测性、预防性维护	5G将增强预测性、预防性维护能力，主要是通过在云端部署人工智能，对现场采集的数据进行实时分析，有效帮助维修工人和决策者更迅速、更实时地发现问题。5G的低时延和高可靠性可以提供远程维护。
供应链运营	
基于库存水平的自触发下单	5G通过更好的安全协议和99.999%的可用性连接10倍至100倍的设备的能力将使这些事务更加可靠。
供应商对零件和包装的虚拟测试	3D-X射线成像可用于创建制造极其精确的数字部件副本，以远程验证其规格；5G先进的速度、连接100倍以上设备的能力以及改进的网络可靠性可以应用于商业中。
远程监控途中装运条件（如温度和湿度）	5G的大连接能力能够将更多的传感器连接到网络，可以支持海量实时数据的分析，从而更加精准地发现装运条件的细微变化和影响。

在工业制造行业采纳5G的主要活动

在工业制造行业中，如果企业要使用5G，那还有以下几个新的基础设施需要建立。

选择建立工业制造专网

对工业制造行业来说，选择建立自己的5G专用通信网络将成为一种趋势。在这方面主要有以下考虑：第一，服务质量的需求；第二，安全的需求，以及网络隔离的需求；第三，运营的需求，比如区分责任识别维护运营的可用性。

独立部署5G专网

这一般适用于大型制造企业。他们在全国范围内有自己的分支机构，可以独立运营。完全独立部署的5G专网还需要符合3GPP的标准。专网通过网关与电信运营商的网络互通，也可以选择不互通，这取决于工业制造企业自身的业务场景。

非独立部署5G专网

非独立部署专网是指与电信运营商共享部分或者全部网络功能、服务、设备、基站。也就是说，工业制造、企业选择，使用电信运营商提供的部分或者全部网络服务构建自己的专用网络，但要由电信运营商来提供网络的建设和运维。

5G产业自动化联盟（5G-AICA，AI Catapult Accelerator）区分了非独立部署5G专网的细分场景，主要有三类：

1.共享无线接入网的专网。

2.共享无线接入网和控制功能专网。

3.电信运营商托管的专网。

建设模式/评估维度	成本维度	业务维度	互联互通	安全维度
共享无线接入网的专网	预算一般，具备一定规模资本投资能力	业务场景集中在特定区域	需要与单个运营商互联互通	安全需求高，具备高等级安全运营能力
共享无线接入网和控制功能专网	预算中等，具备较大规模资本投资能力	业务场景具备跨多个地点特性；自身业务场景复杂，行业知识专有，学习成本较高	需要与运营商共享用户面功能互通	
需要与单个运营商互联互通	安全需求高，具备高等级安全运营能力			
电信运营商托管的专网	预算较少，可以长期分期以运营成本模式支付	业务场景具备跨全国甚至全球；自身业务场景相对集中；行业知识学习成本较低	需要与全球运营商或者多个运营商互联互通	安全需求高，但是不具备独立安全运营能力

工业互联网平台

制造企业的数字战略必须考虑按需创建的网络切片，实现一定程度的定制。网络切片允许制造企业简单、容易和更安全地集成自己的系统到网络平台中。

5G网络能为制造业提供更加安全的解决方案，包括引入安全软件算法，这有望让制造商在黑客攻击方面取得相当大的领先优势，并为企业及生态系统提供强大的网络安全协议。

进军工业互联网平台将是大势所趋，而5G则会加速这一进程。

有两种企业适合在工业互联网平台领域布局，从而在市场竞争中获得新的竞争优势。

一是为制造行业提供信息化的企业，包括为制造企业提供工业自动化系统、设备、财务软件、工厂自动化系统解决方案或者客户关系管理（CRM）、ERP软件的企业。

二是处于制造业龙头地位的企业。这些企业本身是一个巨大的制造生态，可以通过工业互联网平台的建设，服务自身的生态，并通过这种生态向外延展。比如中国的徐工集团和三一重工，其所构建的工业互联网平台都属于此类范畴。

5G改善制造业的成本

改善物流成本的活动

5G为改善制造业在物流方面的成本提供了全新能力，包括5G在大带宽和低时延的支持下，为物流改善活动引入的视频能力和对于物流运输车辆、设备的自动驾驶控制能力。

在这方面，我们可以识别以下几种典型的用于物流成本活动改善的5G场景。

监控工厂内外物流运输情况。制造企业可以利用5G对各种设备产品原材料从装车开始便进行视频监控，既可以监控车辆的运行情况，也可以监控车上物品的实施情况。由于5G提供了广域的宽带连接能力，这种监控便具有了连续性，而且不受空间限制。对于某些时间敏感的货物运输，比如冷链运输，5G的应用将更具有价值。

对货物进行自动分拣。5G高清视频能与人工智能技术进行融合，通过视频对货物进行结构化分析之后，能够精准地定位货物的位置和型号规格，从而实现仓储的智能化管理。

厂区内物流自动驾驶配送。制造工厂可以识别在生产制造过程中，属于高频任务密集的配送场景，通过引入自动驾驶技术。对现有运输车辆进行改造，实现厂区内物流的自动配送。

跨企业的物流自动协同。如果在一个产业上下游聚集的地区，企业之间可以通过5G带来的自动驾驶技术实现跨企业的物流智能协同的话，我们可以想象一个场景，上游的企业完成生产之后，便可以由具备自动驾驶能力的物流车把货物直接运输到下一个企业的生产线，从而实现跨企业之间的零库存协同。

在以上场景中，5G的引入使得制造企业可以对货物进行精准的定位识别，同时又能够与自动驾驶技术融合，从而大幅度改善制造企业物流的成本，缩短由于物流供应不完善带来的时间成本，提高生产线的利用率。

更好地支持移动性活动

为工人在厂区内的活动提供移动支持。佩戴AR或VR，或者其他可穿戴设备的工人在处理厂区的设备，比如维修检视等方面可以获得远程的技术支持，以帮助这些工人在厂区内更加自由地活动和处理突发事件。在这种情况下，有5G网络和AR或VR的支持，工人在处理工厂事件的时候可以通过远程专家或者人工智能的辅助更好地处理事件，从而降低对工人能力的要求。

为生产线的移动调整提供支持。采纳5G网络之后，制造企业可以更加灵活地调整生产线的机器部署，满足制造需求，通过快速而方便地移动生产线设备进行重新组合，来应对生产的变化。在制造企业内部存在大量的可移动资产，通过5G与传感技术，加上5G提供的精准定位能力，可以对这些可移动资产进行实时监控和管理。例如，在佛山联塑集团总部，每天都有几百辆不同类型的汽车借助5G技术进行精准实时监控，掌控汽车的实时位置、货物进出情况等。“联塑有4000多台设备，目前监控都是通过网线或无线设备传输，运用5G技术之后，可以对生产的效率和效益、耗电、安全性等方面进行实时监控。”联塑集团执行董事罗建峰曾这样对外公布。

人力替代的活动

替代人工巡检。在工厂内有大量需要巡检的场景，需要对厂区的设备、仪表、生产线、人员安全等进行巡视。通过引入支持5G和自动驾驶的机器人可以实现7×24小时全天候的智能自动巡检。

采纳智能装配机器人。5G对于机器人的操作能力控制提供了非常好的支持。制造企业可以引入人工智能控制的智能装备机器人，提高整个生产线的效率，减少人为因素的不确定性。5G的低时延能力可以为机器人之间的协同控制提供非常好的支持，多个机器人设备之间也可以实现更高精度的协调。

机器人分拣。在仓储物流环境中，通过部署高清摄像头以及具有行动能力的机器人，可以对工厂的生产货物进行智能分拣。

专家经验人工智能化。在制造型企业里，以前大量经验是通过师徒传帮带的方式进行传承。人工智能技术的引入可以把这些存在于个人经验范畴的知识软件化，再通过有5G支持的可穿戴设备和可视化系统，满足现场工人或者智能机器人的技能培训和指导。

提高产品的质量

产品缺陷管理。机器视觉技术和边缘视频分析技术可以帮助制造企业用更少的成本发现产品的缺陷。这种成本的降低可以通过部署工业相机和生产线的传感器对产品的质量缺陷进行更为精准和实时的动态分析。

生产线质量控制。企业可以通过在生产线部署传感器进行数据采集，然后基于数据进行分析，了解影响产品质量的环节，从而对生产线工艺的调整提供决策性建议。

为工人提供质量支持。比如通过现场，工业相机可以对工人的操作行为进行采集、分析和指导，并通过可穿戴设备，比如AR、VR的眼镜，提供操作的指导，为工人提供质量提升的技术和技能的支持。

改善影响制造成本的结构

5G为工业物联网的技术采纳创造了极佳的连接性支持。影响制造成本的主要因素包括能效、原材料利用率、人效、库存周转、管理调度的效率。

改善制造的能源利用效率。制造企业可以对每台设备和每条生产线的能效进行更为精确的评估和分析，并通过与企业内部或者行业内部的同类设备生产线对比，增加自己的成本竞争优势。

提高原材料的利用率。对于原材料在工厂外和工厂内的运输转移、切割加工、使用等环节，通过引入工业相机和边缘视频分析并融合生产线的传感器部署，可以发现原材料利用率影响的主要因素和环节。

对库存的周转率进行评估。对大量产品在库存状态时可以进行更为精确的分析和观察，从而了解每一个产品的库存周转情况。这种周转情况与市场的营销数据进行融合，可以帮助制造企业发现影响库存周转率的主要因素。

评估管理的效率。在企业的生产调度指令与实际的生产制造活动建立联系，从而评估和分析每一个管理活动对于制造成本的影响。

提高生产的效率

XR辅助的工人。通过为工人提供可穿戴的设备，包括XR设备，可以为工人之间的操作提供协同指引，或者提供远程的专家支持，从而改善工人操作效率。比如两个工人可以通过携带XR设备进行协同设计，或者模拟操作生产。

改善机器与操作工人的协同。机器可以通过视觉分析技术对工人的操作提供指导分析，或改变自己的运行动作，以适应工人的操作。在这个场景下，具有人工智能能力的机器与人之间可以进行协同。

部署更多具备智能能力的机器人。多个机器人之间能依赖5G的低时延进行更加精准、可靠的协同。爱立信曾在2019年德国汉诺威工业展期间展示过运用5G技术支持的六脚机械蜘蛛。蜘蛛的每只脚可视作一个机械臂，每个机械臂有3个关节，这些关节通过5G通信技术与总控制器无线互联。从控制器发出指令到6个机械臂、18个关节，再到这些关节向控制器给出反馈信号，全过程大约20毫秒，延迟低于5毫秒，这为机械蜘蛛的“六条腿”协同做高精度动作提供了基础。

对工人的效率进行评估。企业可以对工人的操作行为和产能进行更为精确的分析和评价，并进行横向或纵向的对比。可以对每条生产线以及生产线上的设备效能进行分析，评估每条生产线和每个设备的效率。德国大众公司展示过一条基于5G技术的微缩汽车组装流水线，每个零部件经过流水线时，经5G连接的传感器几乎能够做到实时监测并传输数据。

对生产线的效率进行评估。博世曾预测未来智能制造对多数据源的实时数据分析网络会有重大需求。2017年6月，博世在其mPad移动控制单元上展示了其无线可编程逻辑控制器软件。mPad通过5G连接控制博世APAS协作机器人，用户可以从mPad配置和监控机器人。博世认为Wi-Fi对这些操作来说不够可靠。制造企业可以通过网络实时数据分析对生产线的效率进行评估。

关于5G与工业物联网（IIoT）的一般性讨论

第四次工业革命的主要特征是大规模采纳智能机器人和大数据分析等技术，制造企业向智能、数据驱动的智能制造业跨越。在这其中，物联网和5G具有天然的融合性。

制造行业普遍把物联网和5G都视为工业4.0投资计划的一个部分，如果这两种技术同时实施，就能够给企业带来巨大的价值。

我们知道，5G网络在数据速度、延迟、效率、可靠性、容量和安全性方面被设计成与光纤电缆一样快速和可靠，并以更低的成本提供相同的容量，具有更大的灵活性。那么，基于人工智能、自主操作、虚拟现实和无人机的数字能力，将会利用5G网络实现生产率大幅提高和加快创新，可以说，5G提供了实现物联网最佳通信平台。

而物联网在制造领域的应用场景，集中解决减少机器停机时间、提高产品质量、预测性维护、智能信息决策等问题。基于已经存在的工业互联网平台和系统，通过与5G融合可以实现一些以前由于吞吐量和性能较低而受限制的使用案例，消除此前由于振动、声音、热量等原因而限制了无线技术发挥作用的场景。

5G为制造企业实现监控从研发到产品生命周期的最后阶段的整个过程创造了新的能力。毕马威（KPMG）对制造业的数字化在高层次上给出了解决方案，我们可以从供应链，到质量管理，到工具管理，几乎涵盖制造业的全生命周期。

5G的价值在于，制造企业能够在一个连续的循环中连接规划到销售过程的所有阶段，在这个循环中，来自制造商、供应商以及在某些情况下，客户操作中安装的传感器的数据将反馈给分析师和决策者。

数据不再以直线方式流动，而是在一个多维的生态系统中来回流动，使制造企业能够对潜在故障、客户需求变化或不断变化的供应商做出快速响应。当大量数据被收集，使得拥有预测分析能力的制造商能够进行预防性维护，并计划在需要时进行产品重新设计。这意味着完全可定制的制造产品不再是一个遥远的目标，而是触手可及。

新型智慧城市的发展新引擎

5G与新型智慧城市融合一般性框架

新型智慧城市顶层设计需要处理四个统一与六大关系

新型智慧城市建设必须从顶层设计开始，这已经成为政府、产业、公众的基本共识。中国已经开始的572个新型智慧城市大都有自己的顶层设计规划，但是，在实际的新型智慧城市发展中，各个城市的顶层设计看上去千篇一律，其突出表现是应用特色不明显，业务架构规划大同小异，基础设施建设千篇一律，本地产业经济、文化特色、人文景观与新型智慧城市建设紧密性严重不足；此外，无论大小新型智慧城市规划，大到直辖市，中到区县级城市，小到街道小镇，都热衷于制定标准。

这样规划建设出来的数字孪生城市，坦率地说，必然会像现在的物理城市那样，全国一个样板，毫无特色可言。其根本原因，还是对智慧顶层设计的方法论应用不得当，尤其是没有处理好统一性与个性的关系。

新型智慧城市是一个复杂的、实时的、动态的、高度协同的系统。在这个复杂协同系统中，物理要素和数字化要素、人与城市环境、人与社会、政府与市场、市场与市场都需要协同。信息流、资金流、物质要素在城市的物理空间和数字空间流动，也在城市与区域、与全国、与全球范围内的物理空间和数字空间流动。

我们需要认识到，新型智慧城市的建设必然不是一个封闭的孤岛建设，而是一个开放的生态系统建设，这个开放的生态系统与其他城市生态系统是互联、共生的，也是协调、开放的。

所以，新型智慧城市的顶层设计，必须考虑如下五个基本问题：

1.是不是具有开放性的特征。

2.在标准上是不是建设自己的“窄轨”铁路。

3.是不是具备生态系统的特征。

4.能否与其他新型智慧城市建立连接，实现信息、物质、资本互通。

5.是否具有本城市的特色。

如果这些问题的答案都是确定的，那么恭喜，一个“善”的新型智慧城市规划的雏形已经具备。接下来，在实际的新型智慧城市顶层设计中，我们只需要考虑下面三个基本问题：

第一个基本问题：新型智慧城市顶层设计必须统一的是什么？

从城市运营的角度来看，有四个规划内容必须统一：运营、平台、基础设施、标准。

运营统一，是指新型智慧城市的运营规划、运营主体、运营模式都必须统一。从一个城市经营管理的角度来看，运营的统一实际上是保障一个城市的规划、建设、发展、治理、服务的闭环以及尺度的统一。统一的运营主体承担新型智慧城市的运营、组织和整合物理城市及数字孪生城市，确保城市的日常运行和未来发展在一个一致的尺度下运转。

平台统一，是指新型智慧城市的基础设施性质平台。这种平台具有公共性，是政府授权建设，依托政府资源，如数据资源，为数字孪生城市的生态提供公共服务性质的平台，如政务大数据平台、城市运营管理平台、城市感知平台、产业公共服务平台。此类平台因为具有公共品属性，并具有经济学意义上的外部效应，需要统一规划、建设和运营。

基础设施统一，是指数字孪生城市的四大基础设施需要统一。一是连接基础设施，主要是有线网络、移动宽带网络、物联网感知网络（含窄带物联网）；二是计算基础设施，主要是为数字孪生城市提供计算服务，目前的观点是集中算力（云计算）和分布式算力（边缘计算）要统一；三是数据基础设施，这里面既包括统一的数据管理、治理、运营、处理和分析，也包括建设开放统一的城市数据资源中心；四是智力（智能）基础设施，是指人工智能作为一种通用技术让整个数字孪生城市通过智力（智能），统一规划建设。

标准统一，是指对国际、国内、行业、区域的规范和技术标准，我们要尽可能地遵循。尤其是在新型智慧城市领域，国家和行业层面的标准正在陆续发布，新型智慧城市的顶层规划必须遵循。

处理好以上四个统一，一个城市才能拥有和其他城市生态互联的基础，也才能有整合自己城市资源的基础。

第二个问题：新型智慧城市顶层规划要处理好哪些基本关系？

新型智慧城市的建设和发展，我们必须认识到一个基本事实，即这是一个以物质、人才、资本要素充分流动和交换为主导的经济体，只有遵循市场的基本规律和客观规律，新型智慧城市才能具有持久的生命力。因此，以下六大基本关系需要处理好：

1.数据共享与安全的关系。数据是构建数字孪生城市的土地，没有数据，数字孪生城市就不可能存在。在新型智慧城市中，人、地、事、物、情等，政府、企业、社区等各个部门，物理城市和网络空间都在实时动态中产生各种数据。这些数据按照条块分割的城市管理模式分散在各个部门。共享数据虽然是基本共识，但在实际操作中，数据安全优势是一座无法绕过去的大山。新型智慧城市规划必须处理好数据共享和安全的基本关系，后续规划和建设及运营才有意义。

2.城市运营管理平台与现有政府政务系统、行业应用系统之间的关系。城市运营管理平台是一个城市的决策智慧中枢，是一个城市运行的可视化数字入口，是为城市管理者提供一个城市全景运行、分析、决策、智慧的平台。建设城市运营管理平台已经成为新型智慧城市顶层规划的基本配置。在此过程中，需要处理好该平台与现有政务系统的关系以及与各行业应用系统之间的关系，如与交通应用系统、银行系统、教育系统、医疗系统等与民生密切关联的系统之间的关系。这里面的核心是要处理好政府和行业治理的法规、规范、流程的再造和梳理，也要处理好政府与社会、行业的管理边界问题。

3.城市生态系统中伙伴之间的关系。在新型智慧城市中，涉及的主体既包括政府及各部门、市民、企业、社区，也包括由于新型智慧城市建设新出现的新型智慧城市运营商，新型智慧城市应用的开发者、投资者等。处理好这些主体之间的关系的核心要遵循两个原则：法律面前的平等，市场面前的产权与责任对等。一个“善”的新型智慧城市生态必然是没有输家的生态，平等关系的构建和遵循市场规律就能成为新型智慧城市顶层设计中处理生态伙伴之间关系的指引原则。

4.处理好空间和时间协同的关系。任何城市的区域，园区、社区、街区、乡镇，都不是存在于真空中的。在做新型智慧城市规划时，我们既要从时间维度考虑一个城市的历史、现在与未来的关系，规划应该体现一个城市的历史文化，从过去到现在，指引新型智慧城市走向未来，也要考虑一个城市所在的地理空间位置，以及周边区域、城市等在产业经济、区域定位、城市空间发展方面的规划和协同。我们需要把新型智慧城市的规划放到更大的时间和空间维度上进行。

5.新型智慧城市生态内外的关系，是指我们在新型智慧城市智能应用规划时，要充分考虑本地应用与整个互联网生态的关系，尽可能地借助已有的互联网生态系统发展本地智能应用，而不是从头开始，像发明汽车要从发明轮子开始那样。同时也要考虑本地的智能应用与周边区域城市的智能应用的协同，如果在应用上不能统一，至少在用户和数据上要做到协同。比如各地的地铁APP，如果处在一个协同区域，各城市地铁运营者就应该提供互联互通机制，比如北京的易通行和天津地铁。

6.新型智慧城市规划中按照行政区域划分系统之间上下级的关

系。在这个关系中，需要对本地的平台、应用、数据、基础设施四个层面进行巧妙设计，既要考虑行政管理的运转要求，也要满足所规划区域的独特性要求。以城市运营管理平台为例，区域运营平台与全市运营管理平台的关系等都需要精妙地设计，至少要考虑财政关系、政府运作机制、业务指导和管理智慧机制、区域之间平台的关系。其核心是避免成为孤岛，不论是数据孤岛还是业务孤岛，都与新型智慧城市建设的初衷相违背。

以上是我认为新型智慧城市规划要处理好的六大关系。

那么，“善”的新型智慧城市具有什么特征呢？

所谓“善”，首先应该是人本导向的新型智慧城市。一直以来，中国城市的发展重视控制和管理，缺少服务和温情的人本关怀。所以，在发展理念上，新型智慧城市建设倡导人本民生是对过去几十年中国城市发展的一种反思。

第三个问题：新型智慧城市成功的必要条件是什么？

“善”的新型智慧城市至少有四个方面要做好。一是需要一个好的顶层规划。前文我已经分析了很多，此处不再赘述。二是数据资源要储备充分。欣慰的是，看到各地纷纷成立大数据局，并成为整合城市数据资源的主体，作为数字孪生城市建设的土地（数据），只有准备充分了，开放了，才能建设数字之城。三是要建设生态共享的数字孪生城市的基础设施，为城市发展提供连接、计算、智能和数据四位一体的智能设施。四是要有一个“善”的数字孪生城市运营模式。如前所述，“善”的模式是没有输家的模式，也是一个连通物理城市资源与数字孪生城市资源，实现土地与数据市场配置和价值最大化的运营模式。

以上是我对新型智慧城市顶层规划的观点和思考，人本城市不是一句空话，新型智慧城市建设也不是建设一两个平台，开发部署几个亮点应用，而是需要从城市的时间和空间维度去思考和规划，才能打造百花齐放且具有统一性、开放性的面向全国和全球经济一体化挑战的新型智慧城市生态。

5G服务于城市智能的增长

智慧和智能的关系，更像是名和实的关系

智能和智慧，哪一个词适合用来描述城市发展的终极状态呢？从产业现状来看，使用智能城市的有，如京东、高通；使用新型智慧城市的也有，如IBM、华为、阿里巴巴、中国移动等。在中国官方的话语体系中，一开始多使用新型智慧城市描述，近年又出现了数字城市（雄安）、智能城市（北京）的用法。

智能与智慧，往往很难令人分清，就是描述者也难以讲清楚两者区别到底在哪里。

维基百科对“智慧”的定义是：高等生物所具有的基于神经器官（物质基础）的一种高级综合能力（感知、知识、记忆、理解、联想、情感、逻辑、辨别、计算、分析、判断、文化、中庸、包容、决定等多种能力），并把智能等同于智力，是指“生物一般性的精神能力”（推理、理解、计划、解决问题、抽象思维、表达意念以及语言和学习的能力）。

从维基百科的描述看，智慧更加侧重思维、知识、思想层面，而智能更加侧重计划、行动和任务指向。

差别在于，智能相比智慧多了“执行”的能力，这种能力使智能并不只是停留在“意识和思想层面”，而是能够切实地采取行动，即智慧是“形而上者谓之道”，智力是“形而下者谓之器”。

1996年版的《现代汉语词典》对“智慧”的解释是辨析、判断、发明、创造的能力，并把“智能”定义为“智慧和能力”，把智慧视为智能的一部分，强调的也是智能付诸行动的部分。

关于智能，目前有两个重要的理论，一个是美国心理学家加德纳（Gardner）的多元智能理论（1983），一个是美国耶鲁大学教授斯腾伯格（Sternberg）的成功智能理论（1985），即在现实中表现成功的智能理论。

多元智能理论对智能的定义是“解决问题或制造产品的能力，这些能力对于特定的文化和社会环境是很有价值的”。成功智能的内涵包括：分析智能、创造智能、实用智能，以及三者之间的协调。中国工信部前副部长杨学山也认为智能是一种能力，是“主体适应、改变、选择环境的各种行为能力”（杨学山，2018，《智能原理》），这个定义也特别强调“行为能力”，所以，杨学山的智能原理特别强调“主体”，并认为发展智能的核心目的是“为了能通过自身增长、创造并赋予增长等模式，提升主体智能，更好地承担需要完成的智能任务”。

新型智慧城市和智能城市的抽象定义

从以上的辨析中，我们可以对新型智慧城市和智能城市分别定义如下：

新型智慧城市更多强调的是“名”的层面的内容，经过基于数据和知识的综合，形成一种群体智能体协同组成城市共同智能体群，这种群体智能体具有在文化和社会层面共同抽象出来的“智”，这种“智”的来源和创造是群体的，具有集体记忆性和协同创造性。

智能城市更多强调的是“器”的层面内容，同样是经过数据与知识的综合，但是，强调的是一种单个智能体的发展演变，单个智能体的智是通过自身学习内化形成的，是个体的，未必是群体的。其智可以来自群体，也可以来自自我创造，并通过某种路径上升为群体的智。

按照如上定义，我们对城市部件或者独立的城市系统使用“智能”一词，比如智能建筑、智能交通，在这个语境下，强调的是城市部件或者独立的城市系统的智能化可以独立发展，也可以协同其他城市智能体发展。

我们可以对城市的点或线两个层面的内容使用“智能”一词，但是，如果涉及一个区域或属于垂直领域却涉及多个城市系统的智能协同，那么，使用“智慧”一词会更加恰当，比如智慧社区、智慧环保、智慧教育。如果使用“智能”描述以上语境，则容易令人迷惑。在这个语境下，强调的是多个智能体之间对共性“智”的抽象和能力的协同，多个智能体的良好存在和演进需要一个更高层次的智的协调。

杨学山从智能计算的角度为我们提供了一个城市智能的新视角，他认为，智能计算的架构是“以语义为基础，以智能主体为中心，以感知或其他路径触发智能行为，经过策略确定、资源调用、任务执行、过程评价、成果学习、智能拓展的循环，形成以智能行为过程为基础的智能计算循环”。这个描述也更多地侧重单体智能的角度。

单体智能、新型智慧城市发展三阶段

在对当前全球新型智慧城市建设的仔细观察和审慎思考之后，我认为，目前的新型智慧城市建设还处于单体智能阶段，体现在各个城市的智能建设依然是独立的和隔离的，即以区域为单位整合数据资源，以行政管理范围为空间单位规划智能应用，智慧化建设依然是从城市部件和城市独立系统视角开始的，各个智能体之间并没有建立彼此沟通和交流的语言和文字。这是正常阶段，就像是从单细胞智能进化到人类的高等智能，还需要漫长的时间。

参考人类智能和智慧的发展路径，我认为新型智慧城市的发展也将经历三个阶段：

第一个阶段是单细胞智能阶段，类似早期的单细胞生命出现的阶段。单细胞智能的构建是以智能体之间的智能自我发展为主，彼此之间无法协同和交流。

第二个阶段是个体智能阶段，类似人类作为高级生命体出现的阶段。个体智能的构建拥有了分析、创造、实用三种智能，智能体的不同部分有自主性，更加符合协同性的智慧，多个类单细胞智能体组成了更复杂的智能体。城市的运行可以在更复杂、涉及多系统的维度进行智慧化的展开。

第三个阶段是群体智能阶段，类似人类社会从部落进化到第一个国家出现。个体智能抽象为群体的智慧，可以通过知识和记忆发展、演变、进化，并成为个体“智”的关键来源，这种智能构成了个体智能的背景，用于促进、指导、约束、规范个体智能。到了这个阶段，才可以称得上智慧的城市。

5G的三大特性与城市智能跃变

人类技术发展史上，每一次新技术的应用都把人类文明推向一个更加高级的阶段。畜力的应用使人类进入了农耕文明。在漫长的等待之后，蒸汽机的应用使我们进入了第一次工业革命。随着电力的应用，我们迎来了第二次工业革命，计算机和互联网的出现为人类创造了一个全新的与碳基文明并行的硅基文明——一个数字孪生的世界，这就是信息技术革命。

在信息革命中，移动通信技术成为推动人类文明飞跃发展的重要引擎。普遍服务始终是移动通信发展的终极使命，从第一代移动通信到第四代，全球的移动通信产业都在致力于解决以人为本的普遍服务问题，消除全球连接数字鸿沟。截至2018年年底，全球移动用户已经高达51亿，占全球人口的67%（GSMA，2018），中国截至2019年3月底，移动电话用户总数达15.97亿户（工信部）。

随着面向人的普遍服务的结束，从5G时代开始，一个致力于为万物提供普遍服务的目标成为移动通信行业的新目标。3GPP为5G制定了三大基本特性，即eMBB、mMTC、uRLLC和高可靠连接的业务。除eMBB之外，另外两种场景是面向万物的连接服务，这意味着从5G开始，万物将具备超越时空的永远在线能力。

纵观人类新技术的应用史，其与城市文明的发展密不可分，畜力的应用使粮食生产出现了剩余，一部分人从农耕中解放出来，推动了人类从部落聚集向城镇聚集转变；蒸汽机和电力的应用使大规模建筑、取暖、长距离运输成为可能，城市成为经济、艺术和政治的聚集地；互联网让全球的距离缩短，城市之间的互联加速了城市的全球化，知识、智力、物质的交换使每个城市成为全球化的一个节点。而5G的到来，会使城市中的每一个建筑、每一条道路、每一个社区、每一座公园、每一条管线、每一辆车、每一个阀门、每一棵树永远在线，这将使每个城市成为一个不断产生数据并消费数据的智能体，具有生命的数字孪生城市是一个人类智能与万物智能不断融合自我进化的智能体。

5G重构连接，赋能数字孪生城市

数字孪生城市是在城市累积数据从量变到质变，在感知建模、人工智能等信息技术取得重大突破的背景下，建设新型智慧城市的一条新兴技术路径，是城市智能化、运营可持续化的前沿先进模式，也是一个吸引高端智力资源共同参与，从局部应用到全局优化，持续迭代更新的城市级创新平台（信通院，《数字孪生城市研究报告（2018）》）。

数字孪生城市的发展与5G密不可分，可以说5G是数字孪生城市的基础，为数字孪生城市提供智能的连接服务。

5G提供的大规模连接能力，将为数字孪生城市提供城市部件的数字化和智能化，每一个城市部件都将实时在线，并持续不断地产生运行数据，为感知建模、人工智能提供数据，这是5G的新连接能力带来的质变。

5G提供的实时广域、高可靠连接能力将为城市部件的智能协同提供全新的连接能力。在一个城市中，空间、道路、车辆、人员、设备、空气、水等组成了复杂的协同系统，5G在广域的维度提供大带宽、高可靠连接，为城市部件的智能协同创造了可能。

城市中的每个人、物、组织，都将变成智能体，5G为城市智能体提供了随时随地的连接能力。人、物、组织在数字孪生城市中实时连接、交换数据和需求，数字孪生城市与物理城市无缝融合与交换，从而推动城市变成把每个智能体连接成一个由分布式的智能体构成的超级大脑。

5G在新型智慧城市建设中的价值定位

5G是新型智慧城市的通用技术

5G是数字经济时代的一种通用技术，这种通用技术具有普遍性，将被城市中的各个行业广泛应用。作为通用技术，5G将像电力一样，一是任何人和城市部件都将随时随地接入，并获得接入数字孪生城市的能力，如同电一般，任何需要电的设备都可以找到电源获得电力；二是任何人和城市部件都将获得标准化和一致性接入接口，如同任何需要电的设备无须考虑电压大小或者插座形状那般。

在5G的广泛应用下，新型智慧城市的各个行业将被深刻地改变，自动驾驶将被广泛应用在城市交通中，为城市居民提供低碳高效的通行服务；远程医疗将改变医疗资源分配的格局，推动城市医疗的公平发展；沉浸式的远程教育将改变孩子们的命运；人工智能安防机器人将创造更加安全的社区环境；数据智能的普及将推动政府社会治理的高效和精准以及城市经济运行的智能洞察；数字赋能的水资源管理将创造更加洁净的城市水系。当5G把每个城市部件、每一位城市居民、每个城市组织变成数字化的智能体并连接起来后，这一切都将发生。

5G是城市发展的新引擎，也是新思维

对新型智慧城市而言，5G并不只是经济发展和就业，更为重要的是，5G应该成为新型智慧城市的一种思维，我们认为，可以从以下三个角度理解5G的思维：

协同思维。5G的时代是为了解决人与物、物与物、人与组织、人与自然的协同问题而出现的，对5G的思考要从协同角度思考，并解决存在的问题。5G为我们的城市提供了自由连接的能力，曾经连接受限的协同场景，如今迎来新的机会，比如在5G的支持下，人与车、路的协同出现了自动驾驶的解决方案，所以，自动驾驶是生于5G的应用，新的协同将为城市提供新的机会和解决方案。

在线思维。任何人、组织、城市部件都将永远在线，离线的事物将处于城市黑洞中，永远在线成为城市规划、建设、运营、发展的第一性思考，无论我们的城市建设者还是管理者，在建设一栋大楼、埋设一条管线、安装一个井盖时，都应该思考它们是否在线，在数字孪生城市中应该有这些部件的镜像。

以人为本的思维。5G赋能城市能够创造出便捷的交通、安全的社区、高效的城市管理、清洁的城市环境等，而创建更美好的城市生活的终极目标需要5G直面城市文明发展的瓶颈。创造新的城市发展解决方案，离不开以人为本的思维。中国和全球的城市发展都在进入新的阶段，5G作为城市发展的新思维方式，将从经济和思维两个维度推动城市进入新的阶段。

5G强相关的新型智慧城市重点场景

5G在新型智慧城市的突破，应该从城市发展的痛点场景中去寻求。所谓痛点场景，即是在城市运行中表现普遍且只能应用5G才能得到根本解决的场景，这些应用场景包括：

5G新型智慧城市应用	应用场景
5G现场活动	在城市中，每天都进行着很多活动文化，这些活动包括音乐会、演唱会、体育赛事、艺术展览、时装秀、展会、博物馆展览，这些现场活动可以通过AR、VR、XR等技术创造全新的体验。
5G地下管廊	管廊作为城市的综合生命线，其数字化水平决定着数字孪生城市的安全运行，整合管廊建筑信息模型（BIM）技术，基于5G的地下管廊将实现城市地下空间的可视化、智能化运营和管理。
5G智能建筑	基于5G大带宽和大规模连接能力，通过预埋内置5G能力的各科智能传感器，结合BIM技术，实现建筑的智能化，实现真正的智能楼宇。
5G远程医疗	基于5G的实时、高可靠、大带宽能力，实现远程手术，实现医疗资源的再分配。
5G AR课堂	基于5G的大带宽能力，实现地理、历史、物理、天文、自然等学科面向中小学的AR课堂教育。
5G城市物流	基于5G的自动驾驶，在园区、社区、校园、商圈实现局部的物流网络，为城市居民提供便捷的运输服务。
5G安防	基于5G和人工智能实现对城市人、事、物、情的智能分析识别，实现城市安全运行态势的智能管理。
5G博物馆	基于5G和AR、VR、XR，实现对城市博物馆的数字孪生和智能化，构建数字孪生城市的文化基因。
5G园区	基于5G构建一个智能化的5G园区，实现园区内人、地、事、物、情的全方位智能化运营。

新型智慧城市建设中采纳5G的主要活动

建设数字孪生城市

“数字孪生”[2]（Digital Twin）的概念由密歇根大学的迈克尔·格雷夫斯（Michael Grieves）首次提出，“指的是物理产品或资产的虚拟复制。此复制实时更新（或尽可能定期更新），以尽可能地匹配其真实世界”。数字孪生的最大好处是不用花费太高成本构造一个物理资产，就可以通过数字化技术进行相关操作，并且无须承担物理资产损害的后果。最早的玩家是美国国家航空航天局（NASA）。

随着物联网技术的发展，数字孪生的理念被引入到智慧城市建设中来，而“建立全城或部分城市的3D数字比例模型的好处是显而易见的”[3]，比如“从城市规划到土地利用优化，它有能力有效地管理城市。数字孪生允许在实施计划之前模拟计划，在问题成为现实之前揭露问题”。

高德纳咨询公司将数字孪生定义为一种软件设计模式，代表一个物理对象，目的是了解资产的状态、响应变化、改善业务运营和增加价值[4]。

科技博客作者Tomasz Kielar认为，提到自动驾驶的场景，“汽车制造商完全有可能使用模拟城市环境在无风险的空间中测试自己的自动驾驶软件，实际访问整个城市。这是一个在现实世界中无法实现的庞大测试环境”。

目前已经开始实施的数字孪生城市项目主要是虚拟新加坡（Virtual Singapore），新加坡计划开发一个“动态的三维（3D）

城市模型和协作数据平台”，这个项目是新加坡国家研究基金会（NRF）发起的。该项目投资7300万美元，用于开发平台以及在五年内研究最新技术和先进工具。虚拟新加坡的用途在于协作决策、沟通可视化、城市规划决策以及太阳能能效分析等。

这个项目的合作伙伴是达索公司（Dassault Aviation），这是一家以设计广泛用于航空和汽车领域的软件而闻名的公司。基于其“3D体验（3D Experience）”设计平台进行监督，提供以下四种主要功能[5]：

虚拟实验：虚拟新加坡可用于虚拟试验台或实验。例如，虚拟新加坡可用于检查3G/4G网络的覆盖范围，提供覆盖率差的区域的真实可视化，并突出显示可在3D城市模型中改进的区域。

虚拟试验台：虚拟新加坡可用作测试平台，以验证服务的提供。例如，虚拟新加坡内具有语义信息的新体育中心的3D模型可用于模拟人群分散，以在紧急情况时建立疏散程序。

规划和决策：虚拟新加坡拥有丰富的数据环境，是开发分析应用程序的整体和集成平台。例如，可以开发一个应用程序来分析运输流量和行人移动模式。此类应用在非连续的城市网络中非常有用，例如，我们在榜鹅的公园和公园连接器的规划和决策制定。虚拟新加坡拥有丰富的数据环境，是开发分析应用程序的完整集成平台。例如，利用部署在榜鹅公园的连接设备，开发者们开发一个应用程序来分析运输流量和行人运动模式，用于帮助城市管理者规划城市交通路网和检测公园人流量。

研究和开发：虚拟新加坡的丰富数据环境在具有必要的访问权限时，可供研究团体使用，可以使研究人员创新和开发新技术或新功能。具有语义信息的3D城市模型为研究人员开发先进的3D工具提供了充足的机会。

某篇文章介绍了虚拟新加坡集成的数据源：来自政府机构的数据、3D模型，来自互联网的信息以及来自物联网设备的实时动态数据，并且是公民可视化环境变化的便利平台。通过准确表示景观，它还有助于改善可访问性。例如，它可用于识别和显示残疾人和老年人的无障碍路线，以及为司机找到最方便的路线。

另一个城市是印度的阿马拉瓦蒂（Amaravati），按照规划，阿马拉瓦蒂是一个开放式平台，可以在一个集成的3D城市模型中访问跨行业的数据和工具。该项目投资额为65亿美元。该项目的主要功能包括：

1.通过无处不在的多节点物联网传感器进行实时的进度、环境和健康监测等。

2.先进的移动性、流量监控和模拟。

3.先进的小气候、气候变化监测和模拟。

4.数字“拖放”建筑许可证提交。

5.数字分区、阻碍、环境、交通和其他法定合规相关的初步分析。

6.为每位阿马拉瓦蒂公民提出的数字孪生用户制定ID计划，该计划将作为所有政府信息、通知、表格和应用程序的单一公民门户网站开放。[6]

该项目使用Cityzenith（美国智慧城市软件公司）的Smart World Pro™（SWP）建筑和城市数字孪生解决方案[7]。

步道实验室（Sidewalk Labs）与多伦多市合作建设加拿大首

都的数字孪生。典型的项目是步道多伦多。该项目将城市设计与最新的数字技术相结合，以应对城市面临的挑战，例如住房负担能力、交通运输和能源使用。步道实验室开发了一种名为Replica的城市规划工具，可以帮助公共机构、土地开发商和社区识别城市运动模式。[8]

巴黎市曾计划在2019年年初开始实施数字孪生计划，该计划持续到2024年，在一篇博客中，关于该项目的介绍是：巴黎市当局的目标是在2019年年初之前建立起一个数字孪生城市并运行，但整个建模项目计划运行到2024年。除了数字化街道和建筑物，市政厅还在考虑对地下发生的事情进行建模，尤其是污水处理网络。[9]

对数字孪生城市的智能化程度，Af consult给出了六个等级[10]：

1.视觉城市第一级（级别0）：在该等级下，城市建立了一个城市环境的数字模型，并模拟交通、噪声、光、粒子、风和水的设计监测数据。

2.数字阴影第二级（级别1）：在该等级下，提供在线验证模型。城市管理者可以通过数字技术模拟各类场景遇到的问题，并制定解决方案。

3.数字诊断第三级（级别2）：在该等级下，提供诊断并跟踪设计的使用寿命。

4.智能预测第四级（级别3）：在该等级下，数字孪生城市可以提供预测功能，为即将发生的事情制定解决方案。

5.自主学习第五级（级别4），在该等级下，数字孪生城市可以通过人工智能学习新知识，可以直观地获取城市管理者需要的数据，关键是发现人类错过的关系。

6.自动优化第六级（级别5），在该等级下，数字孪生城市具备自行评估并优化处理问题的能力，同时向城市管理者反馈。

下面是一些数字孪生城市的海外厂商的玩家。

1.法国3D设计和工程软件公司达索公司。其“3D体验”平台是在收购了布列塔尼（Rennes）的软件公司Archividéo后成立的，该公司专门从事陆地区域的3D建模。

2.法国3D城市建模和软件开发商Siradel：Siradel的解决方案能够对城市进行极其精确的3D建模，并在现实环境中提供一系列重要城市数据的直观表示，包括行政、经济、社会和技术数据。[11]

3.微软是数字孪生的一个新玩家，在2018年发布了Azure 数字孪生平台，可用于全面的数字模型和空间感知解决方案，可应用于任何物理环境。[12]

4.Cityzenith的Smart World Pro™可访问超过10亿个经过地理标记的数据层，包括开放城市数据、付费信息服务、物联网数据，并支持通过应用程序接口（API）导入或连接的任何数据。

信通院发布的《数字孪生城市研究报告（2019）》，对于如何建设数字孪生城市提供了方法论的指引。

数字孪生城市的基础设施

按照该报告，数字孪生城市依然属于新型智慧城市的总体架构，只不过在技术上进行了延展，新增的内容包括新型测绘标识、感知、三维建模和仿真模拟等技术应用。在核心平台能力部分得到了增强，强化了全要素的数字表达、大数据模型驱动和反向智能控制。

数字孪生城市的基础设施包括感知设施、连接设施、计算设施和新型测绘设施。其中新型测绘设施包括激光扫描、航空摄影、移动测绘。新型测绘设施是对城市地理信息和实景三维数据进行采集与建立所必需的基础设施，为了完成物理城市到数字孪生城市的实时镜像和同步运行。[13]

建立城市信息模型

数字孪生城市的建设必须建立城市信息模型。

目前国际标准化已经有相应的国际标准对城市信息模型进行描述。

开放地理空间联盟（OGC）和国际标准化组织地理信息技术标准委员会（ISO/TC211）发布了一种可扩展的空间数据交换国际标准CityGML。这是一种基于XML的格式的开放数据模型，用于存储和交换虚拟3D城市模型，它是地理标记语言版本3.1.1（GML3）的应用方案。[14]

开发CityGML的目的是对3D城市模型的基本实体、属性和关系达成通用定义，对3D城市模型的经济有效的可持续维护而言非常重要。CityGML提供了用于描述3D对象的几何、拓扑、语义和外观的标准模型和机制，并定义了五个不同的详细程度，还包括主题类、集合、对象之间的关系和空间属性之间的概括层次结构。

德国16个州的绝大多数州制图机构都在使用3DCityDB来管理和维护整个州所有的建筑物LOD1和LOD2模型。此外，所有建筑模型都集成在一个国家地理数据库中。目前，德国（LOD-DE）的官方国家3D建筑模型大约有5100万个对象。数据管理和分发均基于3DCityDB实现。[15]

国内也有一些公司提供城市新型模型的解决方案，多以城市时空大数据为依托，辅助支持政府进行规划、设计、建设和运营。

建立城市信息平台

数字孪生城市报告给城市信息模型平台下了一个定义。城市信息模型平台是刻画城市细节、呈现城市趋势、推动未来趋势的综合信息载体。5G和物联网技术为城市信息模型的动态实时性提供了非常重要的技术基础。分布于城市空间的土地、河流、森林、道路、建筑，以及其他城市部件，包括桥梁、停车场、地下管线、绿地、公园、社区、园区、空气等都可以利用5G所提供的广泛的连接能力和大密度互联网感知能力，实现数据的动态实时更新。毫不夸张地说，如果没有5G的支持，一个能够真正客观实在反映物理城市的数字人生城市，几乎不可能产生。

在城市信息模型构建过程中，即时地图是其中的一个关键。目前国内外的一些厂商，都提供有相应的解决方案。地图技术是城市信息模型构建的基础。在即时地图上通过分层叠加，能实现对城市信息模型的构建。

城市模拟与仿真

数字孪生城市为城市的模拟与仿真创造了新的解决方案。通过对城市的事件部件运行与决策，建立分场景、分主题的信息模型，可以帮助城市的管理者和参与者更好地与城市互动。这些模拟与仿真包括：

城市应急管理模拟与仿真。对于城市中发生的自然灾害，比如恶劣天气、台风、暴雨等，或频发的应急事件，包括交通事故、危险品泄漏应急事件、火灾地震等，这些对城市居民产生重大影响的事情，通过数字孪生城市，可以使整个城市的应急管理系统实现有机联动，与应急事件所出现的地点、需要的资源协同起来。通过在数字孪生系统中进行模拟和仿真，进行相应的验证与检视，以确保流程资源和系统的可用性。

城市建设规划模拟。通过在数字孪生城市中增加数字空间的城市部件，比如社区企业或新的城区、新的商业建筑来模拟对城市的交通、教育、医疗、能源环境与安全的影响，支持城市的规划和建设。

城市交通的模拟与仿真。数字孪生城市为城市的交通规划提供了更加直观的解决方案。城市管理者可以动态地增加或者调控入网的交通流量、交通车辆和行人，模拟整个交通系统在新规划或者交通车辆、人流量的增长所产生的影响。这种模拟通过镜像，将物理城市实际的交通系统数据在数字孪生城市中通过增加虚拟数字实体来分析新政策、规则或者规划等可能会对整个城市造成的潜在影响，并不是真正影响城市的实际交通。

城市资源调度管理仿真。在城市中存在着大量资源调度的场景。这些场景包括能源，比如电力、天然气、石油，也包括居民生活资源，例如粮食、蔬菜，甚至包括教育资源、医疗资源、住房资源等。数字孪生城市通过这些资源的数字化，能够为城市的管理者在资源的配置分配管理过程中提供更加精准的决策支持，从而提高整个城市资源的运营效率。

城市活动影响仿真。城市中的文化活动，如演唱会；体育活动，如运动会、城市马拉松等，在城市场景中都是高频发生的活动。这些活动从申请到举办，都会对城市的周边社区道路安全提出新要求。在数字孪生城市中可以通过模拟仿真对这些活动的影响以及对城市资源的需求进行仿真。

发展连接计算智能融合的新型智慧城市新型基础设施

ICT行业的一个重大趋势是连接计算与人工智能，实现高度的融合与统一。这种融合与统一体现在连接计算与智能的同时性。这种同时性是指对连接计算与智能的需求越来越倾向于发生在同一地点、同一时间、同一场景下。对城市而言，存在着大量复杂多样的场景需要使用到连接计算与智能。

建立智慧城市泛在的连接基础设施

对城市而言，连接至少应该包括移动通信网和光纤网络，也要考虑到数字孪生城市还应该包括感知网络。城市的规划和设计应该考虑对于新的网络基础设施的支持。5G时代主要的技术之一就是超密集网络的部署，这种网络部署对于城市的电力规划、建筑设计、道路桥梁的设计都提出了新的要求。如果整个城市的物理空间不能对整个5G网络的建设提供更加柔性的支持，必将影响城市的连接计算基础设施的建设。

智慧城市计算基础设施

对新型智慧城市而言，计算基础设施应该包括两个部分，一是以云计算为代表的基础设施。以城市为维度建设自己的计算中心，应该成为新型智慧城市建设的主要方案。二是城市普遍计算服务设施。智慧城市的建设还需要城市存在普遍的顺利服务，也就是普遍计算服务。在城市的规划建设中，运营者应该考虑充分地利用城市中的各种基础设施，包括电力设施、灯光照明设施、各种公共资源等。例如在政府、医院、学校部署边缘计算的节点。构建一个泛在的智慧城市，普遍计算服务网络。

智慧城市人工智能基础设施

城市需要普遍的人工智能服务，人工智能的可获得性将决定一个城市智慧的程度或智能增长的潜力。对城市来说，需要采取新的策略，建设集中式的人工智能平台以及分布式的人工智能服务节点，构建人工智能算力网络。

从实际工程实践的角度来看，连接基础设施、计算基础设施和人工智能基础设施需要按照场景进行融合。也就是说，城市在建设这三大基础设施的时候，应该选择能够同时提供这三种能力的设施节点。

建设泛在的新型城市感知系统

深圳提出要“一图全面感知”。建成全面感知城市安全、交通、环境、网络空间的感知网络体系，更好地用信息化手段感知物理空间和虚拟空间的社会运行态势。

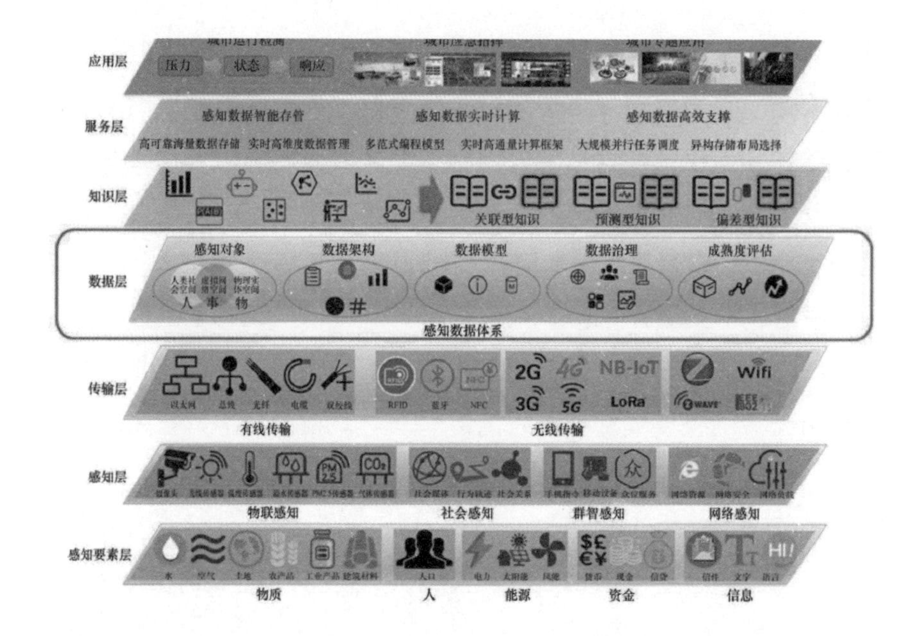

5G为建设城市感知系统，在技术方案上创造了全新的能力。智慧城市的建设需要构建一个新型泛在的城市感觉能力系统。

城市物理空间感知系统。物理空间既包括组成城市的自然空间，也包括建筑站、城市土地之上的人工设施和建筑物。在5G时代，当我们对城市的自然空间进行改造以及建设和规划地上地下人工设施的时候，应该考虑对各种系统内置广泛的传感器，并通过5G、物联网的网络实现对外在的感知。

城市社会空间感知系统。城市的社会空间是由组成城市的人、组织、政府之间的各种经济活动联系和管理规则组成的。这些活动联系和规则整体性地组成了城市的社会空间。对社会空间的感知包括对城市运行规则遵循的感知、各类社会交往联系的合规性感知，以及对人的行为和组织的行为的感知。

城市产业空间感知系统。产业经济是一个城市的核心组成部分之一，在城市中，对于产业的运行发展态势进行感知，包括对在城市的商业交易中，物流资金流、人才的流动、企业的经营态势、行业的发展状况以及政府市场管理的产业政策效果的评价仿真模拟，这都需要对产业中市场交易活动、产品销售、物品运输质量以及消费趋势进行系统性的感知。

建设可运营的新型智慧城市新型系统

设计正确的智慧城市运营目标

智慧城市的运营目标是为城市的设计、运行、评价、改进和进化提供智能赋能。智慧城市运营需要考虑三个基本问题：

1.需要打破城市的规划、建设、运行、运营、发展的割裂与孤岛，服务于城市组成部分的全生命周期。

2.需要有一个开放的、不排他的、安全的、可信的运营系统的提供者。

3.能够对城市的运营提供预测、分析、决策、智慧，行动高度协调。

智慧城市的运营系统建设的方法指引

第一，智慧城市的运营需要进行顶层设计。在顶层设计中，要考虑运营的目标、运营的架构、运营的模式。由于每个城市的资源禀赋、文化沉淀、产业经济所处的位置以及城市的调性各有不同，所以，顶层设计要审慎地进行。尤其是运营目标的规划，要与城市的发展定位密切相关。

第二，需要构建一个可信安全的数据服务网络。城市的运营是多个运营系统的有机组成。这些运营系统涉及城市里的交通、电力、医疗、能源安全、商贸交易社区。客观的现实是这些系统都有自己的运营主体的技术系统数据标准。城市的运营必须打开条块分割的数据孤岛系统。区块链技术可以用于为城市的各个运营子系统建立一个可信安全的数据服务网络。

第三，建立系统级和城市级运营服务接口标准。每个城市的子系统都应该按照统一的接口标准定义可运营的服务。通过标准接口的方式向外暴露可提供的服务能力，供其他运营系统进行调用。从逻辑上来讲，每个城市也需要建立自己开放的运营接口，当与其他城市发生关系连接时，这些运营接口将为城市之间的运营协同提供技术支持。

第四，建立流程级的运营协同机制。城市的各个部门需要梳理自己的流程。按照输入、处理、输出三个环节来协调与相关部门的流程协同。

第五，以城市的场景为维度进行运营业务的设计。城市的运营是以场景为维度展开的，这些场景发生在城市的不同空间、不同时间，场景把城市的各种事件、部件关系、规则组织成一个有机整体。城市的运营业务的设计需要以场景为维度进行规划。

第六，建立条线交织的运营架构。运营架构的规划与城市的管理模式相匹配。城市的治理既有分层分级的政府治理模式，也有垂直条线的行业管理，还包括社区、非政府组织的参与。城市运营系统的架构需要与这样的城市治理模式相匹配，也就是说，运营架构需要支持与政府管理机构条线交织相匹配的机制，支持社区、非政府组织、园区、街区等区域城市空间的运营，支持垂直领域。例如能源、交通、电力、旅游等的运营。

第七，支持分层分级授权的运营。在每一层和每一级都应该形成态势感知、分析预测、决策指挥的闭环运营能力，同时也应具备向上一级或横向进行运营协同请求反馈的能力。

第八，在运营系统中需要部署和支持按照规则自行智能决策的能力。智能决策需要处理海量实时动态的数据，并在这些数据之间按照授权自主采取决策行动，并把结果告知反馈相应的运营决策人员。

第九，运营系统需要追寻安全开放的原则。能够对城市的应用提供友好的数据支持、资源支持和安全管控。同时，运营系统还需要支持商业模式的创新，为城市的应用提供实验部署和运营分发环境。

第十，需要打造城市级的APP。入口的集中化或者说服务触点的集中化，有利于提高城市的运营效率。目前我们可以看到，以深圳为代表的新型智慧城市都开发了自己的城市级APP，以此作为面向市民、企业提供公共服务的出入点。当然，到了5G时代，城市级的入口应该无处不在，这些入口表现为政务服务的机器人，部署在城市服务的窗口。比如加油站、银行网点、市政服务等自助化智能设备。

第十一，部署智慧城市运营系统。城市运营系统可以分为很多级别，包括乡镇级、区县级、城市级、委办局级、街区级、园区级、社区级等。所以说，城市运营系统不是单一的一套平台或一个系统，而是由多个运营系统组成的一个复杂巨系统。

第十二，城市级的运营商。在运营组织规划上，每个城市应该有一个城市级的运营商负责城市运营系统的运营和运维，为城市的管理者提供决策的支撑。城市运营商与各垂直领域或下一级的运营提供者的关系可以类比城市市长与各委办局的关系，可以是统筹管理者的角色。

城市运营的内容

智慧城市基础设施运营商。它主要是指为城市提供计算连接智能服务的新型运营商。这些运营商一般是电信运营商或者IT公司，他们来提供主要的解决方案，并承担基础设施的运营。

城市感知系统运营商。城市感知技术具有多样性和分散性，所以，可能由多个行业或者多个空间的分散运营商来提供。这些运营商通过提供感知系统，可以解决方案平台和系统问题，实现对所负责区域领域的数据感知。

城市数据运营商。数据运营服务可以作为一项单独的运营事项。一般来说，每个城市成立的政务数据管理局或大数据管理局主要承担的是政务数据的运营，而城市数据的运营，除政务数据，还包括行业数据、互联网数据、运营商数据、社会空间数据以及城市自然和物理空间的数据。这些数据的归集、整理、分析以及服务都需要有专门的运营主体来负责。

建设新型的城市智能行动系统

新型城市智能行动系统是指通过部署具有自主行动能力的智能设备来对城市事件进行处置的系统。

一般来说，新型城市的智能行动系统包括以下几部分：

第一，城市智能移动执法机器人。比如社区巡逻机器人、城管执法机器人、安全巡查机器人、道路交通执法机器人等。从形态上看，这些机器人可能主要是由具备自动驾驶能力以及人工智能系统的可以高速移动的车辆组成。

第二，应急救援机器人。重大事件、恶劣天气、自然灾害等情况出现的时候，需要具备智能行动和处置能力的机器人来进行应急管理和救助。

第三，安全管理机器人。安全保卫系统是城市的重要组成部分。比如，城市地铁里的扶梯运行、社区的安全、城市的隐患巡查。

第四，消防服务机器人。基于现有消防车具备的功能，引入人工智能、自动驾驶以及通信能力，实现消防车智能驾驶和与城市消防系统、电力系统、供水系统的有机联动。

以上，笔者只是罗列了集中城市运营场景中的几个典型智能行动系统案例。对城市来说，5G的到来，为基于人工智能的智能行动机器人的广泛应用带来了全新的解决方案，这其中所涉及的技术主要包括：

1.5G为城市智能行动机器人提供了连接和计算服务。5G大带宽和低时延的优势能满足智能行动机器人的精准协同以及与城市其他系统的联动。

2.人工智能技术。自然语言处理、计算机视觉、语音识别、机器学习，为智能行动机器人提供了“类人”的交互能力。

3.自动驾驶技术。基于5G的 LTE-V2X（基于蜂窝网络的车联网通信）技术和标准正在加速成熟、具备自动驾驶能力的车辆（机器人）将被用在城市的道路管理、安全管理、应急管理等领域。

建设城市视觉系统的方法指引

城市视觉系统是一个城市的眼睛。

5G为新型城市视觉系统的建设提供了新的解决方案。城市视觉系统的建设对现在的视频监控系统来说是一种补充和升级。城市视觉系统的建设可以参考以下方法指引：

1.部署具有移动计算视觉能力的设备。利用5G所提供的高速移动宽带，基于无人机、无人车、无人船构建自主移动的视觉能力，在可运动的设备上部署移动摄像头。

2.规划和部署具有人工智能的边缘视觉节点。对视频的边缘分析和处理将有助于提高城市依靠视觉系统处置紧急事件的能力，这需要城市在道路的路口、人口密集的商业区域、城乡接合部、加油站、校园、医院、桥梁、水源地等关键部位部署边缘视觉节点。

3.规划和建设城市视觉平台。建设城市统一的分布式城市视觉平台、进行视频数据的统一分析和处理以及对外开放能力。

建设城市感知中心

城市感知中心在新型智慧城市中的地位相当于城市的神经信号处理中枢，是集中管理和运营城市感知数据的系统对城市的各类传感器产生的感知数据进行分析和判断，为数字孪生系统提供动态实时信息。

建设城市感知中心，可以遵循以下指引：

1.规划和建设城市场景感知系统。城市生活是由各个场景组成的空间综合系统，人的活动也主要发生在以空间和时间为尺度的场景中。对城市来说，以下场景感知系统将是必要的：交通感知系统、城市活动感知系统、关键城市设施感知系统、能源感知系统、水系统感知系统、空气系统感知系统等。

2.规划和建设多能力感知系统。视觉尺度的感知能力、听觉尺度的感知能力（城市噪声）、速度尺度的感知能力、状态尺度的感知能力、物理尺寸尺度的感知能力、社会尺度的感知能力、经济尺度的感知能力。

3.规划和建设城市分布式的城市感知数据中心。感知数据中心承担感知数据的归集、存储、分析，并对外实现城市感知数据的安全、可信的服务。

建设城市经济运营系统

经济繁荣是一个城市能够立足的核心和根本之一。城市的经济系统是一个有机系统。对城市而言，规划和建设城市经济运营系统，能够实现以城市为尺度的经济服务，对于提高城市产业发展效能具有重大价值。

5G的到来为城市的管理者发现和发掘各个经济部门、市场参与主体、行政效能、营商环境对城市经济系统的影响提供了全新的解决方案。

建设城市经济运营系统，可以遵循以下方法指引：

1.建立在线经济感知能力。在线经济感知能力需要在企业的原材料、产品生产、销售、财务等关键环节实现数据的实时感知。同时，企业所生产的产品和设备都应该具备在线连接能力。

2.以城市为尺度统合经济部门数据资源。经济管理部门、工商、统计等各个部门的经济数据需要按照城市地理信息和产业经济部门进行纵横融合，并对外开放，服务于各经济部门、企业、研究机构，支撑城市经济的决策、运营、研究。

3.规划和建设城市经济运营系统。经济运营系统包括城市产业经济地图、经济决策支持系统、经济运营仿真与模拟决策系统、经济政策效能管理系统，用于为经济管理和决策者提供经济决策、调度和智慧的支撑。

零售行业的创新型商业模式

零售行业与5G融合一般性框架

零售行业的商业模式创新是新信息技术应用的主要场景。已经有大量新互联网技术和通信技术应用在零售行业，这些技术被用来：

1.改善零售企业与顾客的联系，如建立自己的会员系统，改善企业对顾客的理解程度。

2.改善供应链，强化与上游供应链的联系，改善自己的成本地位，如部分大型超市自建农场，或者在超市与生产之间建立联系，打造从田间到超市的直供体系。

3.改善自己的成本地位，比如更多地采用自助系统替代人工，或者在城市乡村开设无人值守的零售商店。

这些活动在5G到来之前受限于连接能力，无法满足真正商业运营的需求。5G的广泛应用将会给零售行业的一些关键环节带来新的变化。

零售行业与5G应用密切相关的主要技术包括以下三种：

5G+人工智能。人工成本是零售行业的主要成本之一，更大规模地采用人工智能技术应用在零售企业的电源服务、物流配送、客户服务等领域可以最大程度降低零售企业的人工成本。

5G+物联网技术。5G的广域网能力和大连接能力为零售企业的供应链的全流程、全生命周期的管理提供了新的能力，可以帮助零售企业对货物的状态、资产的状态进行更为精确的洞察和分析，从而改善整个供应链的成本。

5G+自动驾驶技术。5G与自动驾驶技术在零售行业的主要应用场景是库存管理和物流配送。自动驾驶技术为零售企业的仓库高效运营提供了新的方案。智能配送技术可以为零售企业提供更加高效的客户服务。

零售行业采纳5G的主要活动

降低成本的活动

无收银零售。超市或者商场通过引入5G+机器视觉技术，以及在货架部署重量感知和视频技术实现对商场或者超市内顾客购物行为的精确识别，可以打造一个没有收银台的零售企业。当用户完成在超市的货物选购之后，无须通过收银台进行收银和扫码即可完成对所购商品的支付。

促销机器人。促销机器人可以通过机器视觉技术了解在超市或者商场内活动的人的情况，并根据顾客的大数据分析，向顾客主动提供促销信息。当然，也可以通过可穿戴设备为超市商场的工作人员提供大数据支持，为他们提供更好的关于顾客的信息。

改善与上游产品供应商的关系。通过对自身货物库存情况的统计以及对消费者购买趋势的分析，可以向上游生产者或者渠道提供信息，帮助上游生产者调整生产计划。比如在海尔智慧工厂的场景中，服装企业通过与海尔衣联网强强联合，实现了衣物全生命周期的数字化管理。

建设5G无人零售商店。无人零售商店目前已经得到了基础的验证，通过引入5G技术的大带宽和低时延的能力，为5G商店提供更好的连接支持。在这个场景下也可以使用边缘计算的能力提高无人商店对于商品和用户购买行为的分析，具有准确性和实时性。

建立无人仓库。零售企业可以在城市的各个角落建立无人值守的仓库，缩短仓库与消费者的距离，提高面向客户进行货物配送的效率。

提高效率的活动

利用AR或者VR等可穿戴设备辅助超市工作人员提高理货的效率。在超市中，理货、盘点是一项繁重的工作。管理者可以通过引入具有人工智能能力携带视觉系统的机器人对超市各个货架的货物进行盘点，处理摆放错误的货品，发现有质量问题，如过期商品，对价格标签进行实时调整。

比如，AT&T在得克萨斯州普莱诺的一家铸造厂中使用了Badger Technologies测试零售机器人，可以识别出缺货、价格错误或放错位置的商品以及店内的危险。在这个场景中，机器人使用了边缘计算和5G毫米波的连接。毫米波频谱和边缘计算的5G能够使Badger Technologies和零售商满足客户对更低的延迟和更高的吞吐量的需求。

提高库存的管理效率。企业可以使用机器人对库存货物进行摆放和管理。这些活动都可以通过机器人来实现，包括盘点、库房安全巡检、货物运输出库入库。在这里面将使用到定位技术、视频技术和自动驾驶技术。

提高库存周转率的活动

预测未来一段时间市场的销量。企业可以通过大数据分析技术以及在商场超市内部部署的视频系统，对顾客在未来一段时间的消费趋势进行更加精准的预测。根据这些消费预测进行相关商品的采购，从而提高整个库存的周转率。

依据库存周转率的数据分析制定店铺的零售促销政策，比如企业可以分析目前在库处于滞销状态的商品数量和规模质量的程度，并通过预测未来一段时间的消费趋势制定促销政策。

建立智能物流仓库。对大型零售企业来说，智能物流仓库是提高效率的关键。在智能物流仓库中可以引入具备自动驾驶能力的物流运输车。引入具备人工智能能力的摄像头，对仓库人员和货物的分布情况及劳动情况进行分析和调度。同时，根据用户在线上或者线下消费的货物变化情况，实时调整仓库货物的位置，并进行预测性出库。比如京东的智能物流园区就采用了5G+AI+IoT技术，仓储管理者可以通过超高清摄像头实时追踪仓内人员的位置和生产区的拥挤程度，并快速调度资源分配。

提高广告效果。通过使用机器视觉技术，可以分析顾客对于零售企业广告的兴趣情况，从而改善企业广告资源的投入。比如通过视觉技术可以感知用户对不同广告内容的偏好，并且分析用户在广告媒介前面的主流时间或者分析用户的注意力分布情况，从而了解用户对广告的真实反应，大幅度提高企业广告的资源利用率。

提高广告的吸引力。企业可以通过360度VR、AR的直播，制作视频彩铃，或者通过全息投影等多种方式提供具有丰富的活动形式的广告。这些互动形式包括把明星广告通过虚拟投影的方式引入店铺中，或者为顾客提供360度直播的广告内容。5G技术的进步主要会增加广告的互动形式，在这方面积极学习自然语言理解、语音识别和机器视觉将创造全新的广告媒体。

降低风险的活动

提高商场或者超市的安全。对出现在商场或者超市的人员进行实时的视频分析，发现身份可疑或者携带管制危险物品的人员并实时报警，提高零售企业作为人流密集区域的安全防控能力。

提高消防安全。可以利用在室内室外的温度传感器、自动灭火消防系统和摄像头，通过对温度的感知及时发现潜在的火情隐患，并通过摄像头的数据融合、误报，在确认会出现火灾时通过与自动消防系统的联动，进行处置报警、操控安全设施进行隔离等工作。

发现产品质量隐患。产品质量隐患是零售企业经常遭遇的问题，通过AR+AI辅助的支持，可以帮助工作人员更为精准地发现产品存在的质量问题。

改善与监管者关系的活动

改善与消防管理者的关系。通过关键消防设施的数字化，引入5G的连接能力和控制能力，为消防管理者提供本单位关于消防资产、消防设施和消防设备的运行状态，并能够与消防管理者的平台进行数据和业务及流程的打通。

改善与质量监督检验检疫部门的关系。通过引入受托视频系统，可以为质量监督检验检疫部门提供远程的质量检验检疫工具，从而满足质量监督检验检疫部门随时随地实时的检验检疫的需求。

改善与消费者保护部门的关系。零售企业可以通过视频对消费者在商场超市内的购买活动进行分析，同时对具备联网功能的产品的使用情况进行数据分析，从而了解产品的使用情况。因此，当发生消费纠纷的时候，企业也可以向消费者保护部门提供客观真实的数据。

改善与顾客关系的活动

利用机器视觉分析和用户的行为偏好，企业可以在商场或者超市部署具有人工智能的摄像头，对顾客在货物面前的停留时间或者举动进行分析，或者对客户在不同空间楼层货架前的停留情况进行分析，从而更加精确地了解客户的行为偏好，并对货物的摆放进行优化和调整。

为用户提供虚拟化的体验。企业可以通过5G+AR/M2技术帮助顾客在采购过程中进行消费决策。比如服装店提供AR试穿，建材市场可以提供虚拟AR装修设计，甚至可以通过5G+4k的高清直播为顾客提供远程的购物活动。

预测顾客的消费行为。通过与顾客的冰箱建立联系，利用大数据技术，分析和预测未来一段时间的消费需求。当该顾客到达超市或者商铺之后，通过人脸识别技术对客户进行识别，并在购物上由店员引导或者进行由自助机器人引导的购物辅助活动。

为顾客提供更加健康的饮食指导。可以按照顾客的生活习惯和健康状况在顾客购物消费过程中提供更加精准的消费指引。当然，这需要消费企业、零售企业与医疗体检机构或医院共享某种数据，或者由顾客自行主动提供部分数据。

用户参与的设计。可以借助AR或者XR辅助技术，在产品的设计过程中，让用户与专业人员共同参与完成半定制产品的设计。

提供促销支持。比如可以对产品的生产过程、运输过程或者原产地提供AR或VR的直播或者视频体验，让用户在购买过程中对所购买的商品的生命周期有一个更为直观的了解，从而帮助促销员完成对客户的游说工作。

应对上游企业的纵向一体化竞争

新零售时代，零售企业面临的主要挑战是上游企业与顾客建立直接的联系。那么，应对来自上游企业的纵向一体化的竞争将是零售企业所面临的主要压力。5G和人工智能的新技术可以为这种抵御来自上游企业的纵向一体化竞争提供一些新的思路。上游企业可以按照以下指引改善自己面对上游企业纵向一体化竞争的地位。

与用户的厨房建立连接。零售企业可以通过与用户共建具有人工智能的摄像头对用户的厨房进行分析，了解用户对食品的消费情况，从而可以更加精确地预测用户对食品的消费需求。

与用户的冰箱建立连接。通过对用户冰箱数据的采集，了解用户商品消费的情况，从而对用户的消费需求进行预测性的销售并提供个性化促销。

与纵向一体化厂商的原材料供应商建立联系。企业使用大数据分析的供应链金融，与有威胁的纵向一体化厂商的主要材料供应商建立联系，控制有纵向一体化竞争威胁的厂商的原材料供应。

利用5G人工智能等技术建立无人商店或者无人仓库，在距离用户最近的消费场景提供零售服务。

企业应发挥对本地消费人群性格的了解优势，在用户消费过程中提供更精准的消费建议，或者用用户参与的设计，这些设计可以利用新的数字化技术，如AR、VR和XR。这主要是利用对本地消费者的消费趋势的预测，帮助零售商向客户提供更丰富的服务，这些服务将以数字化的形式开展。

向上游产业纵向一体化整合

打造柔性供应链。零售企业通过对消费趋势的精准预测和对客户的智能洞察，对上游产业链进行定制。定制行为既包括对产品种类的定制，也包括对产品的规格、材料、颜色，甚至功能的定制，甚至上游供应商的品牌也会消失。

网易严选某种意义上就是一种供应链定制的零售业态。零售企业一方面可以通过大数据分析技术、机器数据技术实现对消费需求的精准预测，另一方面可以通过对供应链的工厂、制造车间实现生产制造数据、库存数据、物流数据的掌控，完成以客户为中心的柔性供应链。

与上游供应商一起开展智能工厂的改造。零售企业可以以资本合作、数据开放、技术合作等方式，协同上游供应商开展智能工厂改造，通过部署5G网络，引入机器视觉，对上游企业的工厂生产进行全数字的升级；通过对销售、生产、物流、服务全流程的数据融合，建立柔性的生产体系。

农产品的数字化消费体验

农业行业与5G融合一般性框架

农业是一个竞争高度分散的行业。这种分散从技术的角度看，由于农业的生产受限于技术，降低农业的生产成本缺少有效的手段，而且农业的生长周期受限于自然环境和气候。在这种情况下，农业的生产长期处于靠天吃饭的状态。除此之外，在中国，农业的生产成本始终居高不下，它是由于自动化农业的发展始终受限于技术，从而无法大规模地应用自动化设备。

5G/角色	eMBB	uRLLC	mMTC	MEC	Data	AI	IoT	切片	专网	广域连接
种植	++		+++		+++	++++	++			++++
养殖	++		++	++	+++	+++		+++		+++
供应链					+++	++++	++			++++

续表

5G/角色	eMBB	uRLLC	mMTC	MEC	Data	AI	IoT	切片	专网	广域连接
农业金融			++		++++	+++	+++			++++
农业设施	+++	+++	+++	++	+++	++	++			+++
行业监管			+++		+++	+++	+++			+++

农业领域采纳5G的主要活动

利用5G降低农业生产风险的活动

抵御自然风险

农业生产者可以对在农业种植或者养殖过程中存在的自然风险进行更精准地预测和处置。这些风险包括天气、病虫害、瘟疫。

更加精确地了解温度的变化。对粮食种植企业来说，温度是影响粮食种植的最主要因素之一，粮食种植企业可以利用部署在土地里的温度传感器网络，以及部署在田间的空气温度传感器，更加精确地掌握本地的温度变化，从而制定种植决策，以及监控种子在土地的变化。

应对干旱或者洪涝。可以通过部署在田间的适度水分传感器，了解每一块地的水分情况，利用物联网控制的水利设施对土地进行水资源管理，或者当发生雨水供给过于充沛的情况时，通过部署在田间的排水系统进行自动排水。

应对病虫害。通过5G提供的带宽能力与机器学习技术相融合，种植企业可以对农作物的病虫害进行更为精确的分析。这种分析具有实时性和预测性，可以对病虫害的发展态势蔓延情况进行洞察，并对病虫害的处置方案做出更精准的建议。农业软件开发者可以利用机器学习技术把当地病虫害处理的历史经验转化为专家系统。

利用AR或者VR眼镜辅助支持病虫害诊断。田间工人可以通过佩戴AR或者VR眼镜，对农作物病虫害或者动物的疾病进行人工智能辅助的诊断和分析。

无人机植保。利用无人机开展病虫害监测、喷洒农药。5G的广域连接能力为农场主在更大的空间范围内利用无人机进行病虫害的防治提供了优质解决方案。

抵御环境污染风险

农业生产企业可以在重要的卡口位置利用5G应对潜在的污染情况。比如，进入自己生产领域的水域铺设5G支持的传感器，对水的污染情况进行分析，及时了解污染的发生并进行系统评估，从而提前掌握对农业生产所带来的风险。比如，企业可以及时切断灌溉水源，避免有污染的水对农田造成污染。渔业企业可以及时发现已经被污染的水，由此减少对养殖鱼或者其他水产的影响。

利用5G发展精准种植、养殖

部署农田感知网络

种植企业通过部署农田感知系统，对土壤的水分、病虫害及污染物等进行洞察，能够帮助自身实现更加高效的农田管理。

部署基于5G的人工智能种植或者养殖系统

种植企业可以通过发展基于机器视觉、机器学习的精准种植或养殖系统，对农作物或者动物的生长发育情况实现智能分析。种植企业需要将基于经验的知识与积极学习的技术相结合，尤其是机器视觉，它将为农作物的生长发育分析提供更为可靠和有效的解决方案，比如通过农作物的长势、病虫害的情况进行分析。

引入视觉分析技术，用于农业视频监控。企业可以通过对现有的农田、草原牧场或农业农产品加工企业引入视频分析技术，对农作物的生长发育、动物的健康管理或农产品加工生产线的效能进行分析。

基于5G的机器人技术与高精度地图实现对农作物的高精度种植。农场主可以通过采纳具有高精度地图定位能力和实施控制能力的种植机械设备来控制种植的行间距和株间距。这种控制可以依托于对土地肥力的分析，对生长空间的精准数据进行分析。

实现化肥的精细化施肥。农场可以通过图像分析来观察农作物的生长情况和不同地块的肥力情况，并通过无人机或者灌溉系统实现更精细化的施肥，改变目前农业施肥中大水漫灌的弊端，以及由此带来的化肥污染。

用于改善与上游农业供应链的关系

为上游企业提供数据支持。种植企业可以向化肥生产企业或者农药生产企业提供数据，帮助这些企业改善化肥或者农药的设计，并对农药或化肥的效能进行分析。

种植企业也可以将农作物的生长发育数据向保险公司、银行等金融机构或者期货交易企业提供，帮助这些企业对农作物的生长发育情况进行分析和洞察，从而提供更好的农产品或者农业金融服务。

协助上游农业自动化设备的产品研发。企业可以利用5G的带宽能力，将农业机械设备在农田、草原或者牧场的使用情况向上游企业提供数据反馈或视频分析，帮助上游企业在农业自动化的设备研发方面进行创新。这些设备包括灌溉设备、传感器设备、收割设备、无人机以及病虫害识别分析设备。

用于改善与下游产业链的联系

农业种植企业可以通过5G向上下游产业，如超市农产品分销商，提供可视化的农产品生长、发育、收割信息，帮助下游企业制定更加符合市场变化的推广运营策略。

农业养殖企业可以向下游的屠宰分割企业提供动物的生长发育信息和健康情况，帮助下游企业，比如物流企业或者屠宰企业安排生产计划。

改善具有时间敏感性的农产品物流能力。很多农产品的运输需要应用冷链技术，具有时间敏感性的农产品需要采用5G的大带宽和广域连接能力对整个物流信息进行全流程、全环节的监控，并在运输过程中，通过运输网络的优化，运输的时间可以缩短，运输的成本可以减少。

用于改善与农业监管者的关系

帮助农业监管者快速掌握区域农业分布情况。行业监管者可以利用无人机对区域的农作物种植情况进行快速的数据采集与分析，精准地掌握农作物在所管辖的土地范围内的分布情况，并且能够及时地发现被挪作他用的农田地块。

对于土地的效能进行评估。行业监管者也可以利用部署在田间的传感器网络了解土地与农作物的生长关系、评估土地效能、指导农作物种植。

评估本地农药化肥的影响。行业监管者可以更加精确地掌握农药与化肥在所管辖的农田中的应用情况，并在农药与化肥在农作物产量之间建立关系，用于评估农药与化肥的应用对于本地农业生产效率的影响。

行业监管者也可以对本区域的农作物产量进行实时预测和分析，及时调整区域内的农作物市场供给情况。

控制本地区病虫害或者瘟疫的蔓延。机器视觉技术以及基于人工智能的病虫害及瘟疫防治诊断技术的应用，可以帮助本地的行业监管者更为有效地对本地区的农作物病虫害或者动物的瘟疫蔓延进行防控。

用于改善与消费者的联系，丰富农产品消费的数字体验

利用5G直播技术提供数字化农业体验。基于5G网络向消费者提供直播，消费者可以更直接地了解农产品的生产、生长过程。

远程收割体验。在农作物收割过程中，可以通过远程驾驶，由消费者自己体验农产品收割机的收割过程。

远程采摘。利用基于5G的机器人，由消费者携带智能头盔，或者其他可穿戴控制设备，操作在果园、菜地的机器人进行远程采摘。

为消费者提供基于虚拟现实或者扩展现实的数字化体验。让消费者在最终的消费环节与农产品的生产、运输、加工环节产生交互体验。

向消费者提供与健康相关的数据信息。消费者可能对农产品在生产、加工、运输环节，以及涉及产品安全的数据信息等方面更为关注。企业可以利用5G的广域连接能力以及IT技术，对这些环节的数据进行全链条、全流程的采集，以满足消费者对产品健康等相关信息的需求。

农特产品全流程溯源。企业可以通过对农特产品的生产、加工、分销、零售环境的数据全程记录，以及这些产品在空间和时间的分布变化情况，为消费者提供全链条的数据信息，帮助消费者对原产地进行更为可信的认证。

发展数字孪生体验农场。通过将农场的种植、灌溉、施肥、收割等流程数字化，可以发展数字孪生的体验农场，把用户在线下农场的体验与在数字空间的体验相结合。比如，用户可以通过手机对自己的体验地块进行灌溉，或者通过佩戴AR、VR眼镜远程操控农场的机器人对农场的土地进行平整处理或播种，了解农作物的长势。

数字孪生的农场与之前曾经流行的种菜相似，只不过是与真实的农场相连接，能够为消费者提供线上与线下完美融合的农场种植体验。

提高农业的生产效率

大规模采纳具有自主行动能力的机器人。农业生产企业可以采纳有高精度地图和5G能力以及自动驾驶技术所支持的智能机械，比如播种机、收割机，能够实现对大规模、大面积农场的收割。

在奶牛养殖场采纳自动挤奶设备。通过在奶牛养殖场部署自动挤奶设备提高奶牛的效率，以及部署具有自动引导能力的系统实现对奶牛运动轨迹的精确追踪，并了解奶牛产奶的情况，实现对挤奶的自动化。

引入具备远程操作能力的机械设备。种植企业可以通过远程操作机械设备进行播种、收割、喷药或者灌溉。因为5G提供了更为精确的定位能力和高精度地图，以及大带宽所具有的可视化能力，能够对机械设备进行更为精准的低时延控制。

种植或者养殖企业可以系统地考虑将农业自动化系统用于种植或者养殖的各个生产环节，这样的生产自动化系统可以帮助农场主或者牧场主对农业生产更精准地管理。比如对种子、化肥、农药的使用更为精准。通过在需要高频重复的环节中引入具备自主执行能力的农业机器人或者AR、VR辅助的农业可穿戴设备，用于帮助农业工人提升工作效率。

农业机械设施的创新

农业机械设施的创新需要考虑在现在的农业机械设备上部署具备5G联网能力的模块，具备视频分析能力的视频监控系统，以及高精度地图和自动驾驶的能力。这些新技术将推动农业机械设备的创新。

发展具有自动驾驶能力的农业机械设备。以收割机为例，收割机企业可以通过引入GPS技术、高精度地图以及5G的连接能力和边缘计算能力，实现收割机的自动收割。在能力的利用上，收割机通过高精度地图实现精准定位，利用机器视觉技术对农作物的成长情况进行分析。5G的连接提供低时延的精准控制。

发展支持5G网络的农业无人机。随着农村人口向城市的转移，土地的大规模种植将成为趋势，在这种情况下，农业无人机将会被广泛应用于农作物生长态势的洞察、农药喷洒或者物资运输。

发展具有远程控制能力的农业机械设备。远程控制能力的机械设备包括在田间运动的机械，如播种机、收割机或者灌溉设施。这些具备远程控制能力的农业机械设施可以大幅度地减少农场的工作人员，并且提高作业的效率。

农产品分拣机器人。比如对水果的仓储可以通过使用具有机器视觉能力的机器人，实现对水果的质量、产地、色泽进行自动分拣和分类。

农产品质检机器人。农产品的质量检验目前大部分是依靠工人的自身经验来实现的。我们可以通过引入具备机器视觉能力的农产品质检机器人，实现对农产品的质量检验检疫。

田间作业机器人。发展田间作业机器人，主要可用于农药喷洒、安全管理、农产品采摘和动物看护。

5G时代农业商业模式的创新

农业的供应链金融。银行可以对农业机械设备的作业情况进行监控和分析，从而掌握农业机械设备的运营情况，并对该设备的财务状况进行预测和分析，可用帮助银行开展面向农业机械的贷款融资。

农产品期货交易。用5G带来的对农作物生长态势及农业生产系统的精准数据分析，可以在农产品期货交易市场与种植、供给之间建立更加精准的数据交换服务，可用于改善农产品期货交易，包括定价交割以及风险管控。

农业保险。保险公司可以建立基于数据的保险模型，实现对农产品更为精准的精算，并在风险发生之后提供更为精确迅速的保险服务。

农产品定价。在销售侧和生产侧两端，可以根据市场需求与农业的实时生长情况预测产品，建立更为准确的农产品定价系统，或者对农业期货市场的交割价格提供更为精准的决策信息。

医疗行业的新型解决方案

医疗行业与5G融合一般性框架

5G对医疗行业来说，其商业模式创新主要体现在四个方面：

1.医疗资源配置优化。主要是通过由5G支持的远程诊疗、远程手术等实现对医疗资源的再分配。这种再分配依赖5G网络提供大带宽，通过高清视频信息、低时延可靠控制能力实现对医疗资源的远程配置。

2.医疗大数据分析。大数据与5G的融合主要是5G为医疗大数据分析提供了更加丰富的数据。这些数据包括对药物的生产制造、流转与使用的跟踪，对患者和健康人群全生命周期的数据采集。对治疗过程中所产生的数据进行全流程的汇聚与采集以及对医疗设备数据汇集，能带来的最大变化就是采集成本更低，实时性更强。

3.创新医疗服务。居家康养、远程看护、营养指导和基于健康数据共享的医疗商业保险都能够在5G+高清、5G+大数据等新能力的支撑下带来全新的医疗创新服务。

4.远程协同会诊。基于XR实现医生与病人之间的远程会诊。AI-XR赋能的医疗设备，可以帮助医生实现术前的远程手术规划、术中互动式远程手术指导，以及实施术中辅助决策支持。这将提升整个医疗行业的数据分析能力，改变医疗行业的服务方式。

5.创新的可穿戴医疗设备。医疗可穿戴设备将具备自然语言交互能力、视觉能力、分析能力以及更为丰富的健康数据感知采集能力。这些可穿戴设备，包括腕表、血压计、血糖仪、心脏起搏器、助听器、导盲辅助设备、智能绷带等，具备“端智能”，与边缘智能和中心智能一起协同，构成一个全新的人工智能医疗服务。

6.医疗急救服务。AR辅助的医生急救指导、医疗急救车可以为应急医疗救援提供高效率的救治服务。

7.新型医疗机器人。新型医疗机器人将通过机器视觉人工智能、精准定位高精度地图以及自动行驶能力，应用于医疗服务，比如在医院，药物的配送物流或者分诊、导诊。医疗服务家庭机器人可以通过机器视觉技术实现对家庭中老人、病人的看护。

5G所具有的低时延能力为远程诊疗手术创造了新的解决方案。我们将会越来越多地看到基于5G的远程手术急救或者诊疗服务。这种诊疗服务可以通过5G与高清视频、远程触觉以及医疗机器人的深度融合，改变整个医疗资源配置在时间和空间维度上再分配的约束，医疗资源的有效流动将更加充分。

5G具有的边缘计算提供了更加实时的数据分析能力，可以为医生在手术诊疗过程中提供更加精确的影像分析，从而降低医疗事故的风险。5G的大连接能力为医疗设备与病人以及药物的应用情况提供了更加精确的数据采集和分析能力，可以为医生在诊疗、治疗过程中提供数据决策支持。

直播与AR、VR甚至XR的融合可以为居家康养服务创造新的解决方案。

监管者也可以实现对药物的应用情况全流程的追踪，从而为医疗事故责任的界定以及药物的效力情况进行管理。

医疗对5G的能力要求

场景	驱动	技术	时延	数据速率
M2M开始作为智能可穿戴设备的主要关注点	数据收集点可连通性	NB-IoT (相互连接点设备) LoRa(传感器可应用程序) ZigBee(紫蜂数据采集) 蓝牙（D2D传感器）	10 ms—700 ms	Kbps-Mbps范围
数字医院	国际校园通信	Wi-Fi	无保证 10 ms—100 ms	高达100 Mbps 高达1 Gbps 高达3 Gbps
紧急医疗服务	紧急通信和快速反应	LTE LTE-A LTE-A Pro	保证服务质量20 ms—100 ms	订购数Gbps 服务
触觉反馈和触觉交流	uRLLC、eMBB	5G	小于5ms的服务质量	订购数Gbps 服务
以上场景组合	通信、时延、带宽、应用程序	5G、4G、Wi-Fi、蓝牙无缝共存	毫秒级低时延，服务质量保证	订购从几Mbps到数Gbps服务

在电气电子工程师协会（IEEE）发表的一篇文章中，对5G在医疗行业的带宽需求进行了分析。我们可以看到5G将主要用于远程医疗以及力触觉反馈通信。[16]

医疗行业基于5G创新的主要活动

在医院部署基于5G的新基础设施

医院是5G医疗应用的核心场景。在5G时代，医院应该部署全新的基础设施。这些基础设施的部署可以遵循以下指引：

尽可能地考虑采纳5G专网服务。5G的专网可以为医院在数据安全性、患者隐私保护以及在医疗业务的支撑能力上提供更好的服务。对大型医院，包括具有多个医疗服务办公区域的医院来说，利用5G专网可以实现为医药供应链的医疗数据以及与患者的联系提供专用的网络支持。

在医院部署5G网络。医院5G网络的部署可以用于替代部署在医院的Wi-Fi网络。相比Wi-Fi网络，5G网络具有更好的安全性、更大的带宽和对设备连接能力的更好的支持。

部署边缘计算设施。边缘计算能力将为医院的医疗数据处理提供更好的实时计算服务，并且能够确保医疗数据的安全性。

部署人工智能算力设施。在医院中将会大规模地使用人工智能的设备，这需要医院部署人工智能专利设施，为医院的人工智能应用提供就近的算力支持。

开放的医疗数据中心。医疗数据的开放将使医院变成整个医疗行业最重要的数据节点。每家医院应该考虑对医疗数据的安全开放，这需要医院通过部署医疗数据中心，实现对整家医院各个环节的数据的采集汇聚，并建立安全开放的数据服务接口，向行业监管者、患者以及上游的医药医疗设备供应商提供数据服务支持。

用于实现医疗资源优化的活动

用于远程手术。通过5G支持的连接通道可以为医生提供远程手术操作能力。远程手术将主要使用5G的大带宽与低时延能力为医生创造现场手术的准环境。目前我们看到的有5G支持的远程手术还主要是由医生在异地操控。我们可以预见，未来有XR支持的远程手术将会有机会得以实现。

2019年1月，福建一家医院实现了医生远程取出实验室测试动物肝脏的手术。2019年4月，中国人民解放军总医院神经外科主任医师凌志培在北京为身在海南的一名帕金森病患者的大脑进行了手术。

家庭远程医疗监控。通过在家庭部署远程医疗监控系统，可以为在医院的医生提供对家庭成员的更加精准的监控，包括对家庭成员日常的健康数据的监控，以及通过远程高清的视频交互能力。家庭医疗设备的实时数据采集与分析可以为家庭用户提供如同身在医院的诊疗服务。

远程诊疗。通过5G网络可以实现远程超声、远程内窥镜以及远程影像数据实时分析，以实现医疗资源丰富的区域对偏远、农村地区的医疗帮扶。

远程协同会诊。5G网络所带来的低时延、大带宽和边缘计算的能力，可以实现医疗影像数据资料的快速共享与传输，为多地医生提供诊断数据支持。我们知道，在医疗诊断过程中，磁共振成像（MRI）和其他图像文件非常大，甚至超过1GB，5G为大规模的文件传输提供了新能力，可以大幅度缩短由于网络带宽不足造成的患者等待。

AR或者人工智能辅助的诊疗。通过为医生佩戴AR或者人工智能辅助的可穿戴设备，可以由远程医疗专家对本地刚刚入行的医生诊疗进行指导。

医生与机器人协同的远程手术。在2016年，爱立信与伦敦国王学院（King's College London）合作开展了一个项目，该项目通过远程控制和5G网络将人类外科医生的灵巧性转化为机器人。在这个项目中，外科医生必须戴上VR装备和触觉手套，以感知他们在地球一端的运动和压力。然后，该信息将在5G网络的支持下不间断地传输给在另一端真实患者身上工作的机器人外科医生。[17]

远程超声系统。在2019年4月，上海第十人民医院开展了一次基于5G的超声诊断。超声科医生孙丽萍曾对当地媒体说，4G网络在图像数据传输方面存在时间滞后，无法满足超声检查中对动态图像时间序列的观察和分析等问题。孙丽萍曾对媒体表示："即使是一个简单的腹部脏器超声筛查，单一名患者就会产生最高达2GB的海量超声影像数据，而且这些还是动态图像，对远距离传输的图像连贯性和时延控制有着极高的要求。" 因为在数据传输期间丢失任何一帧都可能造成误诊、漏诊的严重后果。

用于改善患者服务关系的创新

为患者提供个性化的预防或者康复建议。医院或者医疗保健提供商可以利用5G与物联网技术的融合来对患者或者客户的健康数据实现持续不间断的采集，以用于改善个性化和预防性的医疗方案的制定。目前，可穿戴设备大多基于Wi-Fi网络，只能在有限的时间和地点实现联网，无法对患者实现24小时随时随地远程监控。5G与互联网技术在医疗可穿戴设备的应用上将改善这一状况，使用具有更低时延和更高容量的5G技术，医疗保健系统可以为更多患者和顾客提供更加个性化，实时、准确的护理服务。

5G的低时延能力提供了一种全新的“数字疗法”，即借助VR、AR和MR为患者提供医疗服务。比如，英特尔有一个为自闭症儿童提供VR辅助疗法的案例，或者使用VR帮助患有精神疾病和有药物滥用问题的患者治疗。

美国路易斯维尔大学的精神病医生也曾利用VR帮助患者应对诸如飞行和幽闭恐惧症等病症。

美国华盛顿大学利用一个名为《冰雪世界》（*SnowWorld*）的VR视频游戏，在为患者提供向企鹅投掷雪球并聆听保罗·西蒙（Paul Simon）声音的同时减轻痛感。一篇论文对该案例进行了详细的描述，《冰雪世界》利用VR分散患者的痛感：疼痛感具有强烈的心理成分。根据患者的想法，可以将相同的传入疼痛信号解释为疼痛还是不疼痛。而VR的本质是用户进入计算机生成的环境中，注意力被吸引到另一个世界中会消耗大量注意力资源，从而使更少的注意力用于处理疼痛信号。[18]

一家总部位于纽约的初创公司Inspiren通过集成计算机视觉、深度学习和自然运动识别功能，可以检测医院医护服务人员的状态并评估环境安全风险，同时从其他医疗设备（如心电图机、生命监测仪和检测温度的环境传感器）收集和汇总数据、噪声、亮度等，可深入了解护理环境，并降低人为错误的风险，然后通过数据分析引擎，使用人工智能创建预测算法，以防止伤害和医疗错误。[19]

用机器人技术减少单调医疗任务的压力

采纳服务物流机器人。医疗机器人通过融合机器视觉、自动驾驶以及与医疗服务系统的打通，可以实现对药物医疗影像资料的配送服务，可以替代医院的医护人员。医疗服务机器人可以用于药物管理、消毒、携带医疗设备，甚至抬起卧床不起的病人，比如一家名为“卡特琳娜”（Catalia）的健康平台能提供此类机器人，提供服药提醒以及医疗知识服务。

医疗导诊机器人。在语音识别、自然语言处理以及机器视觉的支持下，医疗导诊机器人可以为患者提供导诊分诊服务。

医疗客服机器人。通过引入人工智能机器视觉等技术，可以为患者及家属提供预约挂号、付款、分布病房、医生专业信息等医院综合智能信息服务。

药房智能服务系统。药房智能服务系统将为患者提供医药分发或者与医疗物流机器人进行协同，实现医药的准确配送。

医疗服务机器人可以应用于情感陪护、患者移动协助等场景，日本有一个熊形机器人可以将患者从床上移动到轮椅上或者移出，帮助患者站立并转动，以防止褥疮。

抽血机器人。美国Veebot公司发明了一种抽血机器人，可以把整个抽血过程缩短到大约一分钟，其正确识别最佳静脉的准确率大约是83%。这种机器人可以替代护士繁重的抽血工作。

其实，在医院的医疗服务过程中存在着大量单调的任务和活动，这些活动都可以通过引入各种各样的高带宽网络支持的机器人来替代护士完成。

用于应急救援的活动

5G支持的急救车。通过在急救车上部署5G支持的网络系统，急救服务会拥有新的能力。在急救车上可以实时地向医院提供高清视频以及实时数据，由远程专家为急救提供远程指导。

为急救车提供路线规划指引。5G所支持的车辆联网功能可以支持急救车与道路基础设施，比如红绿灯的通信，可以实现对红绿灯的智能控制，或者自动规划最短行驶路线，以缩短路程的时间。

有远程专家支持的急救服务。普通患者遇到需要急救的情况时，可以利用5G手机接入专业的应急救援系统，按照远程专家的指导开展急救服务。

用于医疗资产高效管理的活动

医药的盘点。可以利用具有机器视觉能力的医药库房机器人实现对医药的盘点、分类与分拣，帮助医院的管理者实时掌握医药资源的分布情况和使用情况，实现对医药资源的精细化管理。

关键医疗资产的利用率评估。通过对医疗机械设备运行情况的数据采集，掌握医疗设备的使用情况，更加合理地利用医疗资产，提高服务患者的能力。

提高医疗设备的库存管理和维护能力。在大型医院的运营过程中，应充分注意医疗设备的库存和维护，通过引入实时定位系统（RTLS）对医院的医疗设备进行实时监控，并监控故障情况、整机和备件库存情况，在更大程度上确保医疗设备的可用性。

医疗设备的创新

面向患者的可穿戴设备的创新

医疗可穿戴设备。主要通过引入5G通信模组提供更加可靠的连接服务，从而在数据的实时性和可靠传输方面为医生或者医疗保健服务提供更好的支持。5G能够消除网络质量造成的数据不准确、不实时等问题。这些设备主要是智能绷带、腕带、手表。

基于AR或者VR的辅助数字化治疗设备。数字化治疗可以用于疼痛管理、创伤后应激障碍的治疗、手术训练、幻肢痛、脑损伤评估和康复、青少年自闭症的社会认知训练、冥想训练治疗焦虑、残疾人和正常人数字体验等领域。

慢病监测设备。通过采纳具备5G连接能力的模组，慢病监测设备将具备视频交互能力、可靠的数据传输能力，以及在移动场景下的实时监测能力。这些设备包括血压计、血糖仪等。

面向医生的医疗设备创新

医生手术仿真系统。可以通过5G+AR、MR、力触觉等技术，为医生创造逼真的手术仿真系统，对刚刚进入工作岗位的医生提供培训服务。

医生诊疗协同系统。可以使用5G技术为医生多诊疗提供实时协同系统，协同系统可进行高清视频会议、低时延可靠的医疗影像数据的分析与传输，或者有AR+AI辅助的远程诊疗指导。比如急诊重症监护室系统。

现有医疗手术设备（机器人）的创新。现有的医疗手术设备或者说机器人的创新，将分为三种模式：

模式一：通过采纳5G模组实现对设备的远程控制，在这个阶段将主要引入低时延的远程操控能力及视觉能力。

模式二：医疗手术设备或者机器人采纳5G+MEC+AI能力，在手术过程中对所采集到的医疗影像资料进行实时数据分析，为远程手术或者现场医生提供支持。

模式三：提供开放的数据共享服务，为设备制造商、医院、监管机构、公众、科研机构提供安全可信的开放数据服务。

创新具备人力感知能力的手术系统。医疗领域的达·芬奇手术系统具备高难度的机器人手术水平。这个系统通过把医生的手部运动转换成患者体内微小机械的精确运动，使外科医生可以进行精确的手术。在5G之前，技术受限于带宽、时延，无法满足医生对触觉的精确反馈。比如，在手术过程中如果碰到骨头，可以具备医生手持手术刀的感觉反馈。这种限制在5G到来之后可以得到消除，从而为远程手术系统的广泛应用创造了条件。

5G为医疗行业所带来的创新服务

个性化的健康服务。基于医疗大数据分析，通过对用户或者患者实时全程的数据监控，以及对患者的药物应用、饮食、运动、睡眠等数据的采集，医生可以为用户提供更加个性化的健康服务指导。

大型医疗设备的共享服务。由于5G网络对医疗影像文件的传输消除了距离上的障碍，一些昂贵的大型医疗设备可能会以共享服务的方式存在。患者可以通过由某个提供医疗设备共享服务的提供商进行检测，并把数据实时传给医生进行分析。也就是说，医院可以不再拥有自己的大型医疗设备。比如，飞利浦和通用公司提供的按使用付费的业务就大大降低了磁共振成像等诊断机器的进入成本，并且通过在更多地方放置更多机器，增加了患者的出入便利。

家庭远程医疗服务。医院可以对家庭成员提供与医院条件相匹配的远程医疗服务。通过部署在家庭的视觉系统，即具备5G联网能力的健康监测设备或者便携式诊疗设备，可以实现医生与家庭成员之间的远程诊疗，为家庭成员提供优质的医疗服务。

远程康复服务中心。可以在基于人工智能的电信设备的支持下，建立远程康复服务中心，为身处远程客户服务中心的病患提供与医院条件相匹配的康养服务。

随着5G时代的到来，医疗领域的创新应用将主要依赖于更大规模的联网的医疗设备所产生的数据、有患者佩戴的可穿戴设备产生的数据，以及在药物使用治疗过程中的数据。这些数据通过共享来改变医疗领域的药物研发、使用、管理、诊疗以及医疗服务。

与医疗监管部门建立新联系

对医疗资源的精细化管理。医疗监管部门可以对医院的医疗资源实现更为精确的洞察。这些资源，包括医疗设备的使用情况、药品情况、床位情况以及医生服务情况，从而帮助医疗管理部门对本地区的医疗服务能力和资源进行更加准确的配置和管理。

更加有效地管理医疗纠纷。由于医疗管理部门可以拥有患者在整个诊疗阶段的影像资料、药物应用资料，以及治疗服务情况的所有数据，当发生医疗纠纷时，可以更加准确地复原整个诊疗过程，从而实现责任认定。

提高药物回收的管理能力。医疗监管部门可以精确地了解每一个批次的药物在所辖区域内的分布使用情况，当发生药物问题的时候，医疗监管部门可以及时地对问题药物实行召回，并对已经使用的患者提供医疗救助指导服务。

优化教育资源配置

教育行业与5G融合一般性框架

教育行业对5G的采纳主要集中在教学效率提升、内容资源管理、最大程度地接近现场教学的远程教学互动创新以及安全管理和数字校园建设等方面，我们可以通过一张表来了解在不同的教育活动中与5G各项新技术能力的相关性。

5G/角色	eMBB	uRLLC	mMTC	MEC	Data	AI	IoT	切片	专网	广域连接
教学效率	++		+++		+++	++++	++			++++
教学互动	++		++	++	+++	+++		+++		+++
资源管理			++++		+++	++++	++			++++

续表

5G/角色	eMBB	uRLLC	mMTC	MEC	Data	AI	IoT	切片	专网	广域连接
安全管理	+++		+++	++	+++		+++			+
数字校园	+++		+++	++	+++		++	+++		+++
行业监管	+++		+++		+++	+++	+++			+++

教育行业采纳5G的主要活动

用于提高教学效率的活动

学校及教师可以通过以下几个方面采纳5G来实现提高教学效率的目标。

在课堂教学中，教师可以使用AR、VR、XR、MR等相关技术为教学活动提供数字内容的支持。当教师在讲授物理学相关定律时，这些技术便可以为学生提供更加直观的可视化支持。

对学生在课堂的表现进行实时分析。通过实时视频分析技术，对教师讲授的知识点与学生的注意力及课堂表现进行关联，用于评估学生对所学内容的掌握程度，为教师进行个性化的教学和指导提供决策支持。

用于对教师的教学评价。学校也可以通过实时视频分析技术，记录教师在教学过程中的表现，用于评价教师的胜任度，并对教师教学方式的改进提供更为科学的培训和提升方案。

用于提高学习分析技术的准确性。学习分析技术需要精确掌握学生在学习活动中的行为表现，通过在学生表现与知识图谱之间建立关联性为教师的个性化教学和学生个性化学习提供决策和建议。5G的大带宽能力可以帮助教师实时了解学生的表现与知识点之间的关联性，从而可以更加准确地为学生的个性化学习制定方案。

人工智能辅助的学习指引。人工智能辅助可以根据学生在课堂的表现，对知识点的掌握，对学生的学习进行实时评估，并指引学生按照知识图谱的关联性以及对知识点的掌握程度提供学习建议。

人工智能辅助的教学。引入人工智能技术可以帮助教师更加准确地梳理各个知识点之间的关系，并在这种关系与学生对知识点的掌握程度和课堂表现之间建立联系，用于帮助教师在每一次上课之前制定更加符合学生实际情况的教学方案，并在课堂上按照人工智能的指引及时调整教学方法或者内容。

虚实结合的教学。通过5G支持的大带宽或者低时延能力可以帮助教师在教学活动中提供虚实结合的教学方案，比如在讲授汽车原理时，可以通过远程驾驶为学生提供身临其境的体验，或者通过扩展现实技术为教师与学生之间的教学互动提供数字内容的体验支持。

为学生提供虚拟组装或者拆解培训。利用VR技术，学生可以通过机器提供虚拟的组装或拆解培训进行学习。比如在虚拟现实技术的支持下，学生可以组装一辆车，或对一辆破损车进行虚拟维修。

用于优化教育资源配置的活动

远程教学。通过将5G与直播技术、机器视觉技术、全息投影技术、虚拟现实技术结合，教师可以为远程教学活动提供准现场级别的教学方式。教师可以以学习投影的方式出现在远在异地的教室之中，学生可以通过佩戴支持XR的头盔，实现在虚拟现实空间与教师的互动。

双师课堂。目前市场上已经出现了有5G支持的双师课堂。利用5G提供的大带宽能力，为学生提供高清视频教学与线下现场指导的无缝融合，远程教师可以在视觉分析技术、力触觉反馈技术的支持下对课堂学生进行教学，本地老师可以通过佩戴有AR辅助的穿戴设备获得异地教师的指导。

实验室仪器资源的共享。在学校，无论是小学、中学还是大学，都存在大量的实验设备，这些设备可以通过引入5G来提高资源的利用效率，为边远地区或者其他学校的师生提供教学辅助支持。这主要是使用5G的低时延、大带宽能力，为远程师生对设备的操作提供能力支持。当然，这需要在学校的实验设备上进行5G改造，包括部署支持视觉分析的摄像头，增加支持5G的网络设备，以及与实验设备进行控制系统的打通。

用于提高校园风险应对能力的活动

提高校园的安全能力。学校可以通过部署支持视频分析与人工智能的固定摄像头以及具备移动能力的安防机器人和消防机器人，对校园的人员车辆、火灾隐患、水及天然气泄漏、管道故障、垃圾分类等进行动态、实时、无死角的监控。

控制传染病的蔓延。通过对学生健康状况的实时监控，并与季节变化、传染病流行建立起大数据分析，打通与社区医院以及其他医院的数据联系，可以及时地掌握学生的健康状况，应对可能暴发的传染病蔓延危机，也可以通过大数据技术对传染病的发展进行预测，提前制定应急方案。

改善应对食品安全的能力。通过在学校食堂部署具有视频分析能力的监控系统、采购原料的物联网感知系统以及卫生环境的评估系统，可以帮助学校提高食品安全的应对能力。

部署5G支持的校园远程诊疗系统，实现对学生的紧急救治。通过在学校部署远程诊疗系统，与具有高水平医疗资源的医院进行联网。当校园内发生伤害时可以通过远程医疗进行第一时间救治。

用于教育资产高效管理的活动

教育资产的管理，需要在校园部署5G+物联网技术支持广域连接能力的泛在感知网络，对学校的各类资产的位置、状态进行管理。其主要活动场景包括：

教育资产的管理。学校的教育资产包括教室、会议室、办公室、教学仪器仪表、库房、车辆、打印机、投影仪、饮水机、空调等。通过由5G支持的校园泛在感知网络，可以帮助学校管理者实时掌握各类资产的位置、状态、可用性、故障情况、库存情况、备件情况，实时掌握学校教育资产分布情况和使用情况，实现对教育资源的精细化管理。

关键教育资产的利用率评估。通过对教学设备、实验室运行情况的数据采集，掌握教学设备的使用情况，更加合理地利用教学资产。

提高教学设备的库存管理和维护能力。在学校的运营过程中，应充分注意教学设备的库存和维护。学校可以通过引入实时定位系统对校园的教学设备进行实时监控，并监控故障情况、整机和备件库存情况，能够更大程度上确保教学设备的可用性。

利用物联网技术提高校园的能源管理能力。教育机构可以通过部署支持能源采集、控制、分析的能源管理平台，并对电力配送系统、热力配送系统、天然气配送系统实施数字化改造，建立对校园能源的统筹管理。对教学楼、实验室、办公楼、图书馆部署支持5G连接能力的空调系统、照明系统，提高校园的能源管理水平。

改善学校与家长的联系

数字孪生的校园平台。数字孪生技术可以被用来构建数字孪生校园，洞察校园的空间环境、教育资源的分布、教学活动的情况、学生与老师在校园的分布情况以及校园供水系统、消防系统、安全系统、网络系统等，实现数字孪生帮助校园管理者对学校教育资源的精准管控；还包括对资源利用率和校园安全态势进行评估，通过提供虚拟数字校园，帮助家长或者监管机构实时动态地了解校园。

向家长提供5G+360度直播。通过在校园教室、食堂等地方部署有5G网络支持的360度直播系统，向家长提供更加准确的教学与管理信息，帮助家长更好地了解学校。

对学生在学校的表现进行实时动态反馈。利用部署在课堂的视频分析系统，可以与家长建立实时的动态反馈渠道，帮助家长了解学生在校的学习表现，比如对教师讲授知识点的掌握程度，帮助家长在课后指导学生学习。

教育领域的产品创新

产品与力触觉反馈技术相结合。5G带来的低时延能力为教育产品与力触觉反馈技术相结合创造了新的条件。用于支持远程教学活动的设备，可以通过力触觉反馈解决由于学生或者教师不在现场无法真实体验学习的困难。

能够支持课堂实时学习分析的产品。学习分析技术可以通过与边缘计算技术和视频分析技术相融合，部署在距离教学场景最近的位置，为教师的教学活动提供实时学习分析，帮助教师改善教学活动，提高学生的学习效率并服务于家长对学生的学习表现进行客观数据化的评价。

教育服务机器人。教育服务机器人需要具备有关校园的信息，可以为学生在图书借阅、自习管理、教室预定或者实验仪器仪表的使用方面提供服务。教育服务机器人需要采纳视觉分析技术、自然语言处理人工智能以及自动驾驶能力，当然，这些教育机器人都需要具备5G连接能力。

教育可穿戴设备。主要是支持AR、VR或者MR的可穿戴式头盔，这些头盔需要对课程内容数字化的支持。

具备联网能力的教学仪器仪表。一是可以收集仪器仪表的实验数据，提供远程数据分析；二是可以监控仪表的运行状态，及时发现故障。这需要现在的教学仪器仪表应用5G连接模块，同时也需要具备视觉能力和远程触觉能力。

交通的智能化变革

交通行业与5G融合的一般性框架

交通行业为5G的应用提供了非常丰富的场景。

在交通基础设施上包括了高速公路、铁路、航空、海运、内陆河道、公路、地铁以及城市慢行交通系统；在交通工具上包括了汽车、火车、轮船、飞机、轻轨车、自行车、摩托车、拖拉机等各种交通工具。如果考虑到依托于交通领域的附属设施，例如加油站、收费站、交通信号控制系统、票务服务系统、安全管理系统，可以说，整个交通行业是一个复杂无比的系统。

所以，当我们分析交通行业与5G的融合时，我们必须去繁就简，以一种框架性的结构来思考5G将如何融入整个交通行业，或者说应该谋求一种间架性的宏设计，实现与现有交通设施的叠加，进而寻找放大5G对交通行业的价值和作用。

我们先通过一张表来对设计交通领域的关键技术有一个框架性

的了解。

关键技术	应用场景	应用对象
5G eMBB	数字视频、道路监控	交通工具娱乐系统、交通系统监控
5G uRLLC	自动驾驶、远程驾驶、应急响应	
5G mMTC	路面感知、信号控制	交通流量管理、交通附属设施连接
视频分析技术	路况监测、车辆识别、事故分析、人员行为分析	交通监控系统、自动驾驶系统、远程驾驶系统
高精度地图	定位、导航	自动驾驶、远程驾驶、人员定位及导航、交通工具定位及导航
AI	辅助自动驾驶、交通分析、行为分析、事故分析、交通路网规划、交通路线规划	交通工具
IoT	固定交通设施及设备联网、交通系统环境感知	停车位、桥梁状态、道路损坏、水质水位监测、信号控制网络
5G+MEC	视频分析计算服务、自动驾驶计算服务	交通信号控制、自动驾驶、应急救援
Data	辅助自动驾驶、交通分析、行为分析、事故分析、交通路网规划、交通路线规划	交通工具
Cloud	云端算力	交通工具、交通应用、交通平台
Blockchain	交通数据安全交换、可信交通设备认证与身份识别	交通工具

交通行业采纳5G的主要活动

建设连接计算智能融合的新型数字交通基础设施

新型数字交通基础设施是指交通系统中通过部署计算基础设

施、人工智能算力基础设施、连接基础设施，使道路、航线、航道、铁路等交通系统具备可计算、可感知、可智能的能力。能够为在道路系统运行的交通工具提供计算服务、连接服务、人工智能服务及三者融合的服务。

构建新型数字交通基础设施，可以按照以下指引展开：

部署基于SA的5G交通专网。交通运营部门需要部署SA的5G专用网络，用来满足交通对连接的需求。在专用网络的部署上，可以租用电信运营商的专用网络，以托管方式进行建设，或者由电信运营商单独为相关交通部门进行设计并提供运营服务。这种专网对于铁路系统、全国性的高速系统或者水运系统非常有必要。因为道路交通所具有的全程全网性与整个广域移动通信网络的全程全网具有高度的匹配性。独立部署的5G交通专网可以满足丰富的交通场景对连接带宽容量以及安全性的要求。

部署交通计算服务设施。计算服务设施主要包括道路边缘计算设施和交通云计算设施。交通规划部门和运营部门需要通过规划或者新增建设的方式，在现有的交通系统中部署基于边缘计算的计算服务设施。这些边缘计算的计算服务功能可以通过在关键路口或者交通控制设施上增加边缘计算中心的方式得以实现。交通计算服务设施还需要包括专门服务于道路计算的云计算中心。这种云计算中心可以是集中式的，也可以是分布式的。计算服务设施主要是满足道路上的人、车或者其他控制计算设备对算力的需求。云计算设施满足通用计算需求，边缘计算设施主要满足移动计算需求，比如对自动驾驶的计算支持。

部署人工智能服务设施。人工智能将大量应用于各种交通场景，包括自动驾驶、道路监控、路网规划、道路行人和车辆的检测。考虑到在道路上运动的交通工具对移动智能的计算需求，满足边缘智能计算的场景应用，交通运营建设规划部门需要在道路的基础设施上，通过规划人工智能设施为道路提供智能服务。

部署新型泛在交通感知系统

所谓的新型泛在交通感知系统，是说这种交通管制系统是以视觉能力为主，并通过5G提供的连接能力构建起来的一个连续的感知系统。这种连续是指在空间尺度和时间序列上，对交通状况的感知和数据的采集都是连续的。也就是说，新型交通管制系统具备全程全网能力。这种能力当然需要建构在基于5G技术的整个移动通信网络之上。

新建或者升级交通视觉系统。利用5G与边缘计算技术对现有的交通监控系统进行升级改造或者新建。引入对视频的实时分析能力，包括对交通空间和时间序列的安全态势和交通态势分析，并具备可视化能力。考虑到公路、铁路、水运或者海运航线在空间尺度上的广泛分布情况，基于5G技术进行视觉系统的部署将是必要的。

部署关键交通设施状态感知系统。关键交通设施包括桥梁、隧道、码头、港口、沉降危险路段、河道等影响交通的关键设施，通过部署具备广域连接能力的感知系统，精确掌握关键交通设施的运行情况，并为道路交通决策和规划提供数据支持。

我想特别强调的是，区别于现在的交通视频监控系统，利用5G提供的连接能力，需要在交通设施的规划和建设过程中考虑部署具有广域连接能力的传感器和网络系统，并在道路的辐射、桥梁的建设或者码头的建设过程中，对整个道路系统所涉及的空间和环境建立感知能力。视觉当然是非常重要的一部分，但仅有视觉是不够的。比如我们还希望了解道路的沉降状态、桥梁所承受的压力，以及关键部件的安全性和航道潜在的水文情况。

提升交通工具的智能化能力

5G应该被视为目前存在的各种交通工具的数据高速公路，这是5G对现有交通工具的价值。现代交通工具将同时具备以下三个核心引擎：

第一，动力引擎。交通工具通过燃烧石油或者消耗电力在高速公路、铁路、水路或者航空线路上运行。在运行过程中，交通工具主要是以消耗化学燃料为主。这是交通工具的发动机引擎。

第二，计算引擎。它负责分析和处理交通工具及其所携带的各种传感器数据。作为交通工具的智能控制大脑，计算引擎负责提供计算服务并产生数据。从通用的角度，计算引擎可以由汽车操作系统提供。

第三，连接引擎。5G连接能力负责为交通工具与道路以及交通工具之间的数据传输、控制协调提供高可用性和高可靠性的连接服务。也就是说，交通工具与交通系统的高精度协调依赖连接引擎的支持。5G为交通工具的大数据量的传输和可靠通信，尤其是时间敏感的控制场景，比如车辆行驶过程中的智能避障或者紧急刹车等场景提供了几乎完美的解决方案。

我认为，随着5G时代的到来，大量交通工具将会大规模地采用自动驾驶技术。目前，我们已经能够看到汽车厂商、互联网公司以及一些初创企业在自动驾驶技术方面所取得的进步。比如在深圳南山区已经有一家自动驾驶公司可以提供任意两点的多天后自动驾驶演示。上海也计划在一个区域部署支持自动驾驶的车辆运营。为了更好地支持自动驾驶技术，国际标准化组织3GPP已经在R17的标准制定计划中把对车联网的支持列为最重要的内容之一。

对交通工具的智能化来说，需要考虑5G到来之后所带来的新的变化。我试着给出一些关于交通工具智能化的方法：

尽可能地在交通工具中设计高速通信模块。在交通工具中，无论是汽车轮船，还是其他交通工具，能够接入5G高速网络都需要这些交通工具大规模地采用支持5G连接的通信模块。对汽车等交通工具的制造商来说，不能简单地把能够通过5G进行网络连接看作能够提供通信服务。在交通工具中内置高速工具模块，对这些交通工具来说，是部署了一个连接引擎。这个连接引擎的最大价值是使得整个交通工具可以接入5G等组成的下一代数据所串联起来的数字化服务生态。

特斯拉、谷歌以及国内的一些自动驾驶公司已经在整个自动驾驶系统方面具有相对成熟的解决方案，能够为相关企业在采用自动驾驶技术方面提供可行的技术。对交通工具的生产制造商来说，随着5G时代的到来，需要认真仔细地考虑引入自动驾驶技术的现实性和紧迫性。比如我们已经看到，一汽在重型卡车中引入自动驾驶技术为一些港口企业提供能够编队的货物运输服务。在这个场景中就使用了有5G高速网络所提供的连接服务。

具备某种执行能力。在人工智能的辅助下，交通工具的演化将越来越像具备某种执行能力的机器人来帮助人们进行特定任务的执行。比如，我们看到有的自动驾驶企业把自动驾驶技术应用在轮椅上来为老人或行动不便的人提供服务。而能够执行某种特定任务，就需要在交通工具中引入机器视觉技术以及基于5G的高清视频监控回传和高可靠性的远程控制通信。比如在消防场景下，具备执行灭火功能的消防车就是一个很好的场景。

同时对交通工具制造企业来说，能够接入5G高速网络的交通工具将不再只是一个执行运输任务的工具，他应该被视为一个可以运动的空间。这些交通工具应该接入某个行业的平台，这些平台为使用交通工具的人提供各种高速数据服务，同时也能够为自己提供有关交通工具运行的状态信息。从这个角度来看，汽车制造企业需要把交通工具视为一个能源源不断产生数据的平台。通过这个平台，汽车交通工具制造企业可以变成有交通工具所承载服务的提供商。汽车工具制造企业需要考虑的是如何自主开发一个平台，或者通过接入某个行业的平台，来把交通工具演化为一个在移动状态下能够提供新服务的载体。远程控制也将是汽车工具自动化的基础能力之一，考虑到交通工具在运行过程中需要应对突发紧急情况以及软件出错情况，远程驾驶必不可少，这也需要5G网络能够提供支持。

关于汽车与信息技术的结合，我在当年评价阿里巴巴推出的互联网汽车时写过一篇分析文章《未来的汽车没有互联网将寸步难行》，时至今日，我认为很多观点依然不过时。部分观点摘录到本书如下：

断言：互联网汽车的出现是一次延伸我们自身能力的诺曼底

登陆。

对于这个断言，我想说，汽车作为人类最伟大的工具之一，在另一个革命性的工具——互联网的催化之下，正在迅速向新的形态跃变。而这种新的形态不啻一次我们在延伸自身能力的过程中具有战略意义的诺曼底登陆。互联网汽车的出现或许将带给我们全新的星辰大海。一个彻底解放了人类自身及物质、知识流动的空间与时间约束，并引爆社会化协作模式全新变革的新时期。

我要谈的第一个问题：我们面临什么样的危机以及为何说互联网汽车是解决危机的诺曼底登陆？

互联网汽车为人类提供了一个智能生活平台

汽车是家庭和工作场所之外的第三个最为重要的空间和平台，并且这一空间具有封闭、隐私、高速移动的特性，是我们现代生活的必需品。在过去的百年中，整个汽车产业的主要战略资源都聚焦在解决如何让汽车更加迅速和安全移动的问题上。在过去的几十年时间里，整个互联网产业则是把主要战略资源聚焦在如何让信息交易的成本和效率更加低廉和为人们提供更加智能的数字化生活上。

时间进入2016年，互联网和汽车的重心开始发生微小的、实质性的，但却是不可逆转的倾斜，即跨产业的共识，汽车将是未来承载我们智能生活的最重要的平台。而在7月6日，上汽与阿里巴巴首款量产互联网汽车（OS’Car）荣威RX5发布，这是一款由智能操作系统YunOS作为计算引擎驱动的汽车。就意义而言，用马云在发布会现场的话来概括便是：未来互联网汽车将成为“人最重要的合作伙伴”。

这意味着，在某种角度上，我们可以把互联网汽车看作汽车与互联网两个产业联合起来应对人类社会面临的发展危机，并开创数字化智能生活的诺曼底登陆。或许在我们了解清楚互联网汽车之所以能够出现，而且这种出现具有必然性之后，你会同意我的观点。

我们的危机，从第四次工业革命谈互联网汽车登陆

当前，我们正处于第四次工业革命的进程中，我们试图用新的工业革命来应对危机，即以消耗自然资源为主的社会和经济发展模式正在给我们带来严峻的挑战。这些挑战包括能源与资源危机、生态与环境危机、气候变化危机、城市管理危机等，每一个重大挑战都是人类过多地依靠自然化学矿物质资源引起的。

第四次工业革命促使人们开始寻求改变生产函数的投入要素，探索以绿色要素投入为主的生产函数来改变产业发展、经济增长和社会进步的基本逻辑。毫无疑问，汽车作为驱动国民经济增长的重要部门以及自然资源消耗的重量级工具，发展到今天，在带给我们福利的同时，也带来了污染和拥挤。

以中国为例，截至2015年年底，全国机动车保有量达2.79亿辆，其中汽车1.72亿辆，与此同时，大城市的交通拥挤、交通安全和尾气污染已经成为顽疾。汽车产业自身在不断寻找新的动力驱动清洁能源，比如用电力替代石油，但是，显然这并非是汽车产业自身能够解决的。而互联网汽车被视为解决问题的关键。近日，在一个公开论坛上，来自工信部装备司的一位主管汽车产业的官员清晰地解释了具有信息互联网能力的汽车的价值。她指出，智能网联汽车作为实现自动驾驶和信息互联的新一代汽车，其发展和应用是世界主要汽车大国解决道路交通安全、环境和效率问题的重要途径，对汽车及其关联产业实现智能转型具有重要作用。

在政府眼中，现代性带来的危机需要从基础逻辑上进行改变。汽车作为代表一国制造业综合水平的经济部门，既是支柱战略性产业，更是解决现代性危机的关键，比如道路安全与环境保护。

显然，互联网作为人类的革命性基础设施，用来变革传统产业早已成为基本共识。早在互联网汽车出现之前，以车联网为代表的产业技术模式就已经对汽车展开了多波次战役型的变革，但效果却并不明显。人们期待的交通效率的提升和汽车自身的形态跃变并未如期到来，在很多人看来，只不过是汽车变得越来越像手机，一个用来娱乐的玩具。苹果首席执行官库克有一句话或许能够解释这种尝试铩羽而归的原因，即苹果短期内的目标是希望“能将人们使用苹果手机的经验带进汽车内”。在发布互联网汽车上，阿里巴巴集团技术委员主席王坚博士则持有截然不同的观点，他坚持认为，在初始的理念上，互联网汽车“要让人觉得手机在车里是没有用的”才是到达正确目标的起点。

我要谈的第二个问题：互联网汽车的出现并非一日之功，而是巨头创新的意愿、绿色要素技术、汽车产业三大因素融合的自然结果，以及互联网汽车登陆之后究竟意味着什么。

为什么说生产函数的绿色要素为互联网汽车登陆创造了基础环境？

军事历史学告诉我们，诺曼底登陆的成功与基础环境密不可分，比如，适合大规模登陆的海况时间窗口只有三个时间段，还有诺曼底自身的地理位置与其他两个备选登陆地点的综合权衡优势。

互联网汽车的出现，与两个基础环境变化同样密不可分。

其一，第四次工业革命中出现的标志性绿色要素技术主要包括大数据、云计算、人工智能、移动宽带、物联网、工业4.0、智能制造以及能源储存和量子计算等，这些已经进入了成熟和规模化商用。

其二，互联网已经成为人类社会的新基础设施，并且这一新基础设施成为绿色要素应用和聚变的核心领域。

也就是说，互联网汽车之所以能够出现，并不是坐在屋子里想出来的，而是技术基础发生了根本性变化。这种变化还体现在由芯片厂商推动汽车移动芯片的成熟、由电信设备商和运营商推动的高速移动宽带网络的普遍覆盖、覆盖全球的卫星定位系统等方面，这些都为互联网汽车的登陆奠定了强大的技术和产业基础。

互联网只是外部变量之一，汽车自身生产函数在应对人类危机方面也正面临从依靠要素成本、规模扩张驱动转向依靠效率提升和创新驱动的阶段。

汽车产业自身的变革为互联网汽车登陆创造了形态跃变的前提

汽车产业自身也正处于从整车产品、零部件到服务方式、商业模式的剧变之中。以汽车为例，汽车产品将向“电动化、智能化、轻量化、模块化”发展是产业的共识，尤其是模块化的趋势大大提高了汽车的生产效率。有数据显示，由于所需零部件被模块化、通用化，汽车总装线上需要装配的零部件数量已经从以前的2万多个降到目前的2000多个，自动化程度大大提高，而且降低了零部件采购成本，总体上降低了大规模生产成本。

同时，软件驱动的零部件创新也已经成为驱动整车产品创新的基础，软件在汽车中地位和重要性越来越重要。麦肯锡在预测未来十年的汽车电子趋势时，认为“软件将成为汽车差异化竞争所在，复杂性将进一步提升。今天的汽车包含约1亿行代码。市场观察家预计未来将增长至3亿行”。

与此同时，汽车生产的方式也从福特T型车流水线生产和丰田生产方式进入用户驱动的大规模定制生产方式。在这方面，以上汽大通最为激进，这是第一家实施消费者对商家模式（C2B）智能化大规模定制的汽车企业。

汽车行业自身全新商业模式的挑战则是另外一个内部张力，麦肯锡在《2015年汽车互联和自动驾驶技术咨询报告》指出，未来的车厂必须是自己的产业和服务有差异化，同时要将由传统汽车销售、维修衍生的价值主张整合为移动服务。

汽车自身价值正在面临新的重构以满足人移动性的需求

著名咨询公司罗兰贝格对汽车产业曾提出一个观点：汽车未来将不再是简单的交通运输工具，而是按需移动的产品！

这个观点意味深长——我们知道手机是一个按需移动的产品。而汽车成为继PC、手机之后的第三个新成员，看上去是互联网与汽车产业跨界融合的偶然，但是从人类自身能力的延伸角度来看，则可以视为一种必然。这种必然性来自人作为自然界中的个体是一种既没有锋牙利爪，亦不能飞天潜海的智慧生物，只能通过大规模的社会化合作和不断延伸的智力与身体工具获得发展。

在过去的百年中，汽车的主要功能是延伸人们在空间上的活动范围。这种延伸彻底地改变了我们的经济和社会结构，而互联网的出现则彻底解除了人类沟通与信息传递的时空局限性，从而使更大时空范围内的协同发生全新的变化。

如果我们同意罗兰贝格的观点，汽车是按需移动的产品，那么汽车将演变为满足人们数字化智能生活的平台。在《中国汽车产业概况》的报告中，曾有观点认为，未来汽车还是极限扩张人类能力的‘器官’，作为‘外部大脑’与感觉器官，将使人类具备对周围环境洞察、判断、控制的能力，并满足人的社交需求。

无论怎么表述，我们必须同意，汽车的根本属性是满足人类的移动需求，从这一意义来说，汽车产业本身不会被颠覆。只是汽车需要一条新的信息高速公路——互联网，才能不断适应智能生活的需要。

所以，当万事俱备之后，汽车产业和互联网产业以互联网汽车为目标，借助技术、产业、资本、人才、管理者的个人意愿，一个是代表汽车产业的上汽，一个是代表互联网巨头的阿里巴巴，两大巨头联手，开始了人类智能生活平台的诺曼底登陆战，这意味着一个彻底解放人类自身及物质、知识流动的空间与时间约束的新时期被开启。

互联网汽车的诺曼底登陆到底改变了什么？

互联网汽车首先改变的是汽车引擎。纵观世界汽车工业的发展史，自从机械力替代人力和畜力之后，每一次的产业跃变都是新的动力驱动方式的变化，从蒸汽机、内燃机到今天的电能驱动，汽车产业的核心变革发生在动力的输出方式上。以至今天可以预见的未来，汽车的驱动将进入数据能源驱动的模式，即数据成为新的“燃料”，而YunOS作为操作系统则成为汽车的第二引擎——计算引擎（王坚博士语）。

第二个改变是互联网成为汽车继道路之后的第二条基础设施——信息高速公路。这既意味着所有承载互联网的数字化服务都可以进入互联网汽车这个移动平台，也意味着基于互联网汽车这个更加优质的移动平台可以创造出全新的数字化服务。

互联网汽车成为一个全新的平台，麦肯锡的观点是："智能互联与自动化技术将使汽车越来越成为一种平台，使司机和乘客能在旅途中享受新奇的媒介形式和服务，或者将空出来的时间从事其他个人活动。创新，特别是基于软件的系统创新速度之快，将要求汽车具备可升级功能。"

我们应该如何展望互联网汽车登陆之后的变革?

整个汽车产业的收入结构将发生结构性变化。我个人比较赞同麦肯锡的观点，在前文提及的报告中，麦肯锡预测汽车产业自身的整体构成将朝着"按需求服务"和"数据驱动服务"等多样化方向演进。麦肯锡预测到2030年，这些新服务模式的诞生将贡献1.5兆美元的额外收入，同时，传统汽车销售和售后产品服务市场收入约5.2兆美元，相比2015年的3.5兆美元，增幅高达50%。

或许我们可以用"新熊彼特增长理论"来预测互联网这一人类基础设施进入汽车产业所带来的变革。该理论认为，对一个产业来说，增长的基本模式是要为新企业的进入创造良好的登陆阵地，即新企业进入将形成"创造性毁灭"机制，高生产率的新企业不断进入市场，一方面增加了市场中企业的数量，提高了生产效率；另一方面则导致市场竞争加剧，促使低生产率企业退出市场。

而互联网汽车的价值恰恰在于改变了汽车产业以及互联网产业的资源配置模式，这种资源配置的变化之一就是新企业进入的门槛被迅速降低，比如由YunOS这样的操作系统与阿里巴巴整个生态无缝连接，作为计算引擎驱动的汽车将成为一个开放共享的硬件平台，使无论是来自汽车产业的上下游还是互联网上下游的中小企业，都可以进入这个巨大的移动价值平台，就像智能手机的产业链变化一样。

我们知道，配置资源有三种方式：政府、市场、企业。政府的产业政策模式对资源配置往往事与愿违，但是企业和市场的配置却往往因为价格信号和交易成本的存在造成错配，以致效率不高。就汽车产业本身而言，在过去的几十年发展中，“依靠效率提升和创新驱动”并不明显。互联网汽车的出现则使基于数据驱动的资源配置方式成为可能，所有游戏参与者都可以在计算引擎的驱动下，实时地获得产品、价格、需求、质量的数据，做出更加接近经济理性的决策，尤其是对于政府产业政策部门也可以做出更加贴合产业需求的产业决策，这一切都要归功于互联网汽车的诺曼底登陆的成功！

这并非没有政策利好，交通运输部、环境保护部、商务部和工商行政管理总局等八部委，2015年10月联合发布的《汽车维修技术信息公开实施管理办法》自2016年1月1日起实施，明确汽车生产者应采用网上信息公开方式，公开销售汽车车型的维修技术信息。麦肯锡认为，“基于互联网的生产方式，或者叫工业4.0或工业互联网，数字化的工业生产可以进一步降低成本，尤其是通过以数据为基础的生产监控，可以将成本降低20%以上”。

“互联网+”在改造汽车产业链、改善有效供给、提高供给质量、创造新供给等方面发挥着不可估量的推动作用。

而中国国际贸易促进委员会汽车行业分会会长王侠的话能够给互联网汽车做更好的注脚，他说：“车联网和汽车共享的结果也许对汽车销量增长的贡献有限，但是对社会服务的质量将会更高，我想这也是汽车对人类的一个新贡献。”在他看来，互联网不仅带来新的造车力量，而且会让汽车的社会化更进一程。

站在中国汽车产业的视角看全球视野，为什么说互联网汽车是中国汽车产业乃至中国制造业的一次诺曼底登陆？

中国汽车产业需要一次诺曼底登陆，以改变中国汽车产业核心技术缺失、大而不强，国际竞争力不足的局面。

但现状有点尴尬，清华大学汽车发展研究中心主任李显君曾感叹：“在世界汽车发展史上，年产销超过2000万辆，唯有中国。达到千万级体量，但国际市场占有率微乎其微，也唯有中国。”

为此，在“十三五”汽车产业五位一体规划中，国家明确提出了“把信息产业和制造业融为一体，推进互联网汽车产业；汽车产业发展主体从硬件为主转向以软件为主”的发展路径。工信部按照国务院指示编制《汽车产业中长期发展规划》与各部委征求意见讨论时，一致认为“从整个产业链，包括产品的研发设计、生产制造、销售一揽子，最后还包括回收环节，整个汽车产业生态会出现巨大的变化”。

或许一组数字更能说明这种尴尬：2019年，中国汽车产销分别完成2572.1万辆和2576.9万辆，汽车出口只有102.4万辆，同比下降1.6%。其中乘用车出口72.5万辆，同比下降4.3%；商用车出口29.9万辆，同比增长5.7%。

而解决这个问题，需要考虑基于互联网汽车这一移动平台，构建数据驱动的生态系统和产业合作，比如在计算引擎、移动宽带网络、云计算的支持下，可以实现对零部件从设计、生产、装配、运行、维修、服务全生命周期的数据支撑，只有互联网汽车才能满足。

在中国五位一体的汽车产业规划中，主要是把“供给侧改革”放在重要位置，重在质的提高；鼓励大众创业、万众创新，成为创新驱动的动力源，同时鼓励信息产业和制造业融为一体，推进互联网汽车产业，在落地支撑上，则需要为创新降低门槛提高效率，而平台化的互联网汽车带来的是打破了企业便捷的数据和服务的流动，从而为整个生态的创新提供无边界的支撑，这正是互联网汽车的价值：改变汽车及互联网产业的资源配置模式，降低初创公司、跨界公司、新技术在汽车产业的进入门槛，提高创新效率。

在中国制造2025战略中，“做强汽车产业”是一个重要的内容，所谓“做强”就是要有具有国际竞争力的企业，有原创的技术，有国际市场上相应的份额，而出现在中国的互联网汽车，是否可以认为是中国汽车产业从大到强，向国际市场的一次诺曼底登陆呢？

改善交通管理的能力的活动

对交通规划来说，5G可以在以下方面提供新的解决方案来帮助交通规划部门制定更加人性化的交通规划。

交通部门可以构建一个数字孪生交通系统。我们以城市交通规划为例，数字孪生交通系统属于数字城市的一部分。数字孪生交通系统能够帮助交通规划部门以沙盘推演的方式对路网的调整进行分析预测。比如可以模拟城市新投放的运营车辆对城市交通状况的影响，或者提供自动驾驶技术支持的公共交通服务，对城市交通的影响。这种在数字空间的推演不会对实际的城市交通系统带来影响，同时又能通过与实际的交通运行状况相结合，为交通规划管理部门提供更加接近真实情况的决策支持。我们可以想象一个场景，通过在数字人生交通系统中放置虚拟数字车辆，与在城市的真实道路上运行的车辆在数字空间中的孪生镜像，共同组成一个新的交通运行路况，在数字空间对可能发生的交通影响进行分析。

另外，在城市空间中，停车管理是一个非常令人头疼的问题，我们可以看到，在人工智能技术与视觉分析技术的支持下，北京等城市已经开始在路边铺设能够对车辆进行自动识别的停车收费系统。目前，这些停车收费系统在视频信息的采集和分析上还是以有线网络为主，以单向静态的停车信息采集为主，但这并不能提供与车辆的互动服务，比如为在附近行驶的车辆提供停车位的导航。我认为可以通过在这样的停车系统上部署有5G支持的网络形成一种可计算的、新的基础设施，为新时代路上的汽车进行连接，交换信息，帮助需要停车的汽车，寻找到最近且最佳的停车位置。

高速公路或者铁路的无人机巡航也能够被广泛地应用。由于5G提供了广域的高速通信能力，无人机的远程控制和监控已经不再是问题了，那么高速公路管理部门、事故救援部门、铁路部门和水运管理部门都可以采用由5G支持的无人机对所辖交通区域进行巡航；也可以提供应急救援，比如紧急运输医药物资，为发生在高速公路上的交通事故提供救援支持。

部署具备交通执法能力的机器人。有自动驾驶能力的交通机器人可以替代在路面上进行巡逻执法的人力，用来巡查交通路况，检查违规、违法车辆，或者处置紧急交通情况；还可以进行临时性的交通管理，比如提供移动红绿灯服务。这些交通执法机器人需要具备高速的5G连接能力、机器视觉能力和人工智能，当然最重要的是这些交通执法机器人需要把执法的规则变成软件。

直到现在，交通治理能力的提升还是依赖交通相关部门的数据服务的共享以及交通大脑的建设。这些数据共享包括与交通工具的制造企业共享车辆的数据信息、运行信息、交通路网的状态信息以及交通规则。通过这些信息数据的融合，能够实时掌控整个交通系统的运行态势，并能够为交通态势感知、规划分析和指挥调度提供决策支持，这是一种基于数据的治理体系，同时也是基于5G的高速联网能力，能够利用具有自动驾驶能力的智能机器人遂行某种任务的治理体系。

交通工具利用5G进行产品创新

无人交通工具。大部分交通工具都可以进入无人驾驶的状态。通过内置5G通信模组以及支持LTE-V2X协议，乘用车、工程车、特种车辆等需要依靠大量专业司机进行驾驶的交通工具，大都可以具备无人驾驶的能力。这当然还需要交通工具集成高精度地图、北斗定位、高性能计算设备以及雷达、摄像头等各种传感器。最重要的是，具备无人驾驶能力的交通工具在接入5G网络之后，对移动计算与连接性上所获得的支持，能够帮助无人驾驶交通工具更好地规划路线、分析路况、应对紧急发生的复杂情况，并且可以通过远程安全驾驶员的实时控制，获得高等级的可靠行驶能力。我们可以预测，在封闭的区域或者空间里，执行固定任务的交通工具将首先在5G的支持下进入无人驾驶状态，比如在公园的游览车，园区固定路线的通勤车，港口、厂区、物流园区的运输车辆。

人工智能辅助的特种交通机器人。目前执行某种特殊任务的可移动机器人已经问世，这并不是新鲜的产品，5G对交通机器人产品创新来说，其应用模式是能够通过与人工智能技术融合，为交通机器人提供更加智能的遂行特定任务的能力。一是机器视觉能力，在5G大带宽、边缘计算的支持下，可以对现场进行更加实时的分析；二是可以在5G的低时延性能支持下，实现交通机器人的编队协同，这一点如果你对在西安、深圳等地举办的某庆典时所表演的复杂无人机秀有印象的话，就不会有所怀疑了；三是交通机器人可以在高精度地图和定位技术的支持下，精确地靠近现场遂行任务；四是具备远程控制能力，可以通过部署在云端的大型人工智能平台对现场的交通机器人进行智慧支持，并借助5G网络所提供的视频回传和低时延控制能力在关键时刻实现安全接管。交通机器人将会在5G时代被应用于交通执法、事故救援、应急抢修、安全巡检、环境监察、自然灾害救助等情况。我认为，交通机器人至少应该包括无人驾驶的汽车、特种车、无人船以及支持远距离遂行任务的无人机。

交通效率产品。可以预计，基于人工智能的交通效率产品将在5G时代被创新出来。这些效率工具主要是为了解决交通工具高效、精准移动所涉及的问题。我们可以合理地推测，以下交通效率工具应该具有强烈的需求：一是交通路线规划工具。目前，大部分地图软件都已经初步提供了路线规划，比如高德地图能够按照路况信息进行初级路线规划。而在5G网络的支持下，基于LTE-V2X的车联网技术，更为丰富的道路、车辆信息将被提供给驾驶者。尤其是车与车之间通信，能够为规划工具提供更加准确的信息，车载摄像头会提供可视化的信息。二是拥堵自动协调工具。当交通路面发生拥堵时，可以通过人工智能技术，对交通路况进行分析，并给出疏解拥堵的建议，在5G网络的支持下，给区域车辆的行驶路线提供个性化建议，疏解交通拥堵。在这个情况下，每辆车都相当于在数字交警的统一协调下参与交通，而每辆车也可以充当临时数字交警的角色，以协调区域的车辆运行路线。

移动场景超清数字内容服务。交通工具可以通过增加对VR或AR的支持来为使用者提供全新的数字内容服务。比如，为自驾爱好者提供AR或VR的视频拍摄或者视频直播；为特种车辆，例如天然气管道维修车辆提供AR支持的巡检、监测服务。可以通过增加高清显示设备，接入5G支持的超清视频信号，为乘用车用户提供360度全景直播演唱会、足球赛，也可以为用户提供基础场景的数字内容服务，比如当检测到汽车行驶在大草原上时，为用户播放腾格尔的歌。

交通运营企业应对上游厂商纵向一体化的活动

一些汽车制造企业开始提供网约车出行服务，对城市出租车公司来说，这是一个新的竞争对手，汽车制造企业进入网约车领域，在车辆的维修、服务和成本控制方面拥有成本优势和运营优势，比如东风汽车就已经在部分城市中进入网约车服务领域。

对类似滴滴这样的网约车企业，或者城市出租车公司来说，如何利用5G应对上游交通工具制造企业进入交通服务领域是一个具有挑战性的问题。运营牌照当然是一个绕不开的门槛，但是，对大型汽车制造企业来说，也不是多难的事情。

为了应对上游汽车制造企业对交通运营服务的纵向一体化，交通运营企业可以考虑以下建议：

把乘客变成用户，与用户建立新的关系。大部分交通服务运营企业很少拥有乘客的资料信息，比如，当我乘坐公共汽车的时候，公交公司无法知道我是谁，因为公交公司的公交卡并不具备对乘客的信息进行管理能力，它不是实名制的。当然，情况也在发生变化，部分公共运输服务公司开始推出自己的乘车APP，以“用户”而不是“乘客”的概念与用户建立新的联系。比如，北京推出的易通行、天津等地推出的地铁APP。而最近，我也发现，在北京乘坐公交车已经可以下载APP或者关注小程序扫码进行乘车。在杭州可以通过支付宝或者微信乘坐公共交通工具。无论采取哪种形式，交通运输企业能够把乘客变成用户，就是正确的方向。拥有用户之后，由于与乘客建立了更为紧密、详细的联系，就可以围绕交通场景为乘客提供个性化服务。

为用户提供个性化的交通服务。我们还是以城市交通为例，在其交通场景中存在多种多样的个性化交通出行需求，比如，长期出差往返机场的乘客，在固定路线通勤的用户，因为紧急情况需要应急用车，行动不便的人群特殊用车需求，演唱会、展览会等人群瞬时集中和短时间分散等。交通运营服务企业需要建立自己的大数据分析平台，打通交通、医院、机场、社区、酒店、场馆，通过预测和分析，为用户提供个性化的出行服务，从而建立自己的服务壁垒。

以交通场景为基础，通过横向整合服务资源，建立进入壁垒。交通运输服务企业应该意识到，在了解乘客、用户、所运输物品的需求上，拥有比其他组织更为完备的信息，也更先于大部分其他组织掌握这些信息，这些数据包括历史数据和实时数据，尤其是位置数据都是完备的。那么交通运营企业可以按照交通场景，对乘客、用户或者所运输的物品的需求进行整合，为其他组织的服务提供数据支持。这种横向整合对区域运输服务公司来说，可以利用本地的商业资源，相比其他对手更有优势。

车辆制造企业改善与下游产业链的联系活动

与下游经销商或者服务提供商建立联系。制造企业可以通过对区域的车辆大数据分析，为区域的下游经销商提供销售、维修售后、备件库存的支持。制造企业通过部署在交通工具的5G联网设备，实时采集车辆的运行数据、路况数据、故障数据，对区域的经销商或者维修售后服务商提供市场消费趋势信息、预测性维修信息、车辆救援保险信息，并对车辆的备件库存方面提供支持，这需要车辆制造企业建立自己的车辆大数据平台。

为下游企业提供库存优化。车辆制造企业可以对区域汽车服务企业的库存数据与区域市场的车辆故障预测进行关联，为汽车服务企业的备件提供预测性库存管理，帮助汽车服务企业优化库存结构，以及预测车辆维修的等待时间。

为下游汽车服务公司提供远程VR、AR维修培训。基于5G为汽车服务维修公司提供VR和AR的维修培训，比如发动机的拆装，原本需要对物理实体发动机进行操作，利用VR则可以提供与真实操作相同的培训。

为下游汽车服务公司提供远程维修支持。通过5G高清视频传输能力，车辆制造企业的专家可以与现场的维修工程师协同，对车辆故障进行诊断。如果在维修现场部署由人工智能支持的相机，还可以对故障进行实时诊断分析，为维修提供建议。

为汽车销售企业提供销售支持。通过5G联网能力，制造企业可以获得更多关于客户使用车辆的数据，再通过对客户消费生命周期的分析、市场趋势的分析，为汽车销售企业提供销售支持。

提供创新的营销支持。比如，企业可以利用5G提供的远程操作能力，为潜在的购买者提供远程试乘试驾体验服务。也可以利用5G+VR提供虚拟与真实融合的试乘试驾，从而为4S店提供新的营销支持。还可以利用5G+VR帮助潜在购买者更详细地了解车辆本身的结构和配置，或者通过5G+360度直播走进汽车制造车间，了解每辆车的制造场景。

利用5G与车主建立新的联系能力

车辆制造企业或者汽车服务企业与车主建立新的联系。通过联网汽车与车主建立直接联系，这并不是从5G才开始有的。5G对车辆制造企业来说，所能提供的是与车主建立“准现场级”沟通和服务的能力：

1.为车主提供超清视频车辆操作指导培训。

2.通过5G+VR提供驾驶辅助服务。

3.通过大数据分析车主的车辆保养，对维修提供预测性服务、个性化服务。

4.为车主提供二手车交易决策支持。

5.为预订客户提供车辆生产、物流、到店信息，帮助高端预订客户随时了解预订车辆进度。

6.为维修客户提供车辆维修信息，包括提供5G支持的远程维修探视、维修进度信息，以及通过远程高清视频对维修过程需要与客户沟通确认的信息进行沟通。

提高交通效率的活动

5G当然可以大幅度地提高整个交通系统的效率。

理想的情况当然是在万物互联的支持下，整个社会的运行都清楚地知道每个人、每个货物的位置、状态，从哪里来，要到哪里去，以及每天道路的状态，然后无比强大的交通大脑能够为每个交通需求提供最佳的运输建议，并实时调整运输路线。但是考虑到所需要的计算量和管理难度，这几乎是不可能的。

也就是说，我们无法在技术条件满足的情况下做到全局最优，但是，的确可以在局部做到次优。

那么，基于5G的可以用来提高交通效率的活动包括：

1.对交通规则软件化，通过人工智能来支持对交通规则的运行，比如路边停车位管理的人工智能化，也包括执法规则、救援规则、执勤保障规则。这些规则甚至都可以通过联网系统实时更新到联网的车辆中，为这些联网车辆的行驶提供强制或者辅助规则遵循标准。

2.交通摄像头的人工智能化。通过5G网络和部署在路测的边缘计算服务器和GPU服务器为交通摄像头获取的视频进行分析，并与红绿灯联动，实现对交通流量的智能、实时控制。

3.基于交通大数据的实时路网预测与规划，为交通车辆提供预测性建议服务。

4.部署智能执法、执勤机器人，协助进行交通管理和服务。

数字经济发展的新机会

数字经济与5G融合的一般性框架

数据爆炸式增长时代的到来

5G是数字经济的新引擎，这一点毋庸置疑，因为5G将推动数据的爆炸式增长。

联合国《2019年数字经济报告》中说代表数据流的全球互联网协议流量从1992年的每天约100千兆字节（GB）增长到2017年的每秒45,000千兆字节。但这个世界还只是处于数据驱动经济的早期，在首次上网的人越来越多和物联网扩张的推动下，到2022年，全球互联网协议流量预计将达到每秒150,700千兆字节。

由于5G的新能力，将有海量规模的机器设备接入数字经济系统，并将持续的、大规模的、不受时间和空间限制地制造出各种数据，数据的规模、种类和价值都在加速迎来一个爆炸式的增长时期。联合国《2019年数字经济报告》指出：个人数据或非个人数据、私人或公共、用于商业或政府目的、自愿提供、观察到的或推断出的、敏感或不敏感的，一个全新的“数据价值链”已经形成，其中包括支持数据收集、从数据产生见解、数据存储、分析和建模的公司。一旦数据转化为数字智能并通过商业用途货币化，价值就被创造出来了。

与此同时，数据资源的垄断也将形成，大量数据资源将会被互联网平台巨头、电信运营商、垂直行业的头部玩家所垄断，数据的不均衡分布也将加速。而在数字经济系统中，对数据资源的垄断能力将是商业价值的关键。

5G与数字经济的一般性影响

数字经济分为数字产业和产业数字化两部分内容，鉴于5G对产业数字化影响路径在本书的前面章节已经做了框架性的讨论，我们在本章对数字经济的讨论限于数字产业本身。

物联网领域。5G对物联网的影响非常直接。主要是5G为机器所提供的广域移动连接能力，这种能力包括低时延、高可靠性的连接，以及对大规模连接的良好支持。如前所述，正是因为5G，工业物联网、工业4.0等才有了落地的空间。在物联网领域，传感器在5G的支持下将会组成具有移动性的感知网络。大量的工业数据、经济数据、城市数据将成为物联网所要分析处理的数据。支持5G连接的物联网平台将会与5G专网技术、网络切片技术融合。

人工智能领域。人工智能芯片将加速普及，被应用在需要智能的设备上。5G带来的数据将为人工智能的“智能”增长提供基础，同时也使人工智能能够实现分析、预测、决策、执行、反馈的闭环。分布式的人工智能，即部署在各种移动终端、作业现场、业务边缘和云端的人工智能算力，将充分地发挥5G的新能力。

数字内容。高清超清音视频内容、VR/AR内容、具有全新互动体验的体育和娱乐内容、直播类互动内容等，都将在5G的支持下进入“准现场级”的体验状态。这些内容的创造生产与消费将是一个巨大的商业机会，而拥有内容IP及其运营能力将决定厂商的货币化能力。

数字平台。在互联网领域，已经有非常多的数字平台，如阿里巴巴、百度、腾讯、谷歌、PayPal、支付宝、京东等。对这些已经形成了垄断性的平台，5G所能贡献的最大价值是将为这些数字平台提供机器类型的数据资源，从数字产业领域向产业数字化领域拓展。目前，其实我们已经看到中国的互联网公司都在向企业客户市场转移，从技术进步推动的角度来看，这是5G到来后，互联网公司利用数字资源优势开展横向一体化的必然之举。

数字设备。无论是手机、机器人，还是汽车、玩具，与5G的融合将主要表现在对视觉能力、自然语言处理能力、自主行动能力以及对人工智能技术和应用的结合能力将会越来越接近“自然”的交互。比如在智能手机领域，我们已经实现语音、手势，甚至表情的交互，接近人与人的自然交互。5G的大带宽和低时延能力，能够使数字设备的智能化程度分布在云、边、端的计算能力、人工智能能力，为数字设备提供如同本机集成的支持。这将大幅度降低数字设备本身的复杂性，比如对游戏的渲染，通过云端渲染之后，利用5G网络实时传输到游戏终端。所以，新的数字设备将会成为5G时代的商业机会，如面向个人的可穿戴设备，比如眼镜、头盔、运动手表、自行车、智能玩具等；面向家庭的劳动机器人、教育机器人、陪护机器人等；面向行业市场的无人设备、服务机器人、工业机器人、执法机器人等。

数字经济治理。海量数据以及这些数据背后所承载的交易、活动，所连接的机器、工厂、就业人口，所涉及的消费、进口、出口、产业政策，对经济管理部门来说都是巨大的挑战。其瞬息万变的特性决定了错误决策所带来的破坏性会是巨大的。这需要更多建设数字经济治理的基础设施，利用数字化技术来管理数字经济。一般意义上，数字经济需要辅助决策、运营系统、政策沙盘推演系统、产业经济地图以及数据开放系统。

数字经济采纳5G的主要活动

数字平台的创新活动

创办新的数字内容平台。新的数字内容平台是一个新的商业机会。合理推测这些内容平台将会有：AR或VR内容平台、体育直播内容平台、演唱会直播内容平台。这些内容平台可以利用5G的大带宽能力，向市场提供身临其境的内容消费服务。

沉浸式的游戏互动平台。通过向玩家提供具备VR功能的头盔，拥有沉浸式的游戏体验，就像《虚拟人生》的游戏一样，在数字空间提供与真实世界相似的游戏体验。在VR、XR的支持下，也可以开发与真实世界相融合的游戏内容。

发展定制电商平台。电商平台可以与工业互联网平台融合打通，为用户提供C2B定制化的产品销售，包括通过AR、VR远程设计、了解定制商品制造生产进度、虚拟参观工厂车间、掌握产品物流信息、提供远程操作培训等。

创新数字设计平台。5G+XR技术可以为工程设计、产品设计、建筑设计、艺术设计、城市道路设计、展馆设计提供全新的协同方式，可以由多人在真实物理空间虚拟数字设计。目前的设计软件将会向平台方式演进，并通过与5G的融合提供在真实物理环境下的设计协同，同时远程协同设计也应该被考虑在内。

数字内容服务的创新活动

超清体育赛事数字内容服务。比如AT&T在美国推出了5G体育馆，提供5G+VR、5G+高清直播、5G+多视角（运动员视角）的直播。中国移动咪咕公司在世界杯赛事上则引入了人工智能技术，通过人工智能剪辑官对直播视频的精彩内容进行剪辑，提供给用户进行社交分享。

多视角数字内容直播体验。利用无人机支持鸟瞰视角，部署在地面或者路测的视频信号提供的地面视角，携带在运动员或者演员身上的便携式摄像头，以及部署在赛车、摩托车上支持高速移动大数据量传输的超清摄像头，都将是5G所带来的新的内容机会，尤其是在直播领域，将为数字内容消费提供巨大增长空间。

虚拟形象与真人的融合内容。咪咕公司目前已经推出了多种数字形象与真人融合的内容体验，比如换装、换脸、与数字形象联动等新内容服务，5G能够支持这些内容快速剪辑、渲染、叠加，以及远程互动，可用在电影摄制、游戏互动、社交媒体等多个场景，我认为也是5G带来的新的商业机会。

与力触觉技术融合内容消费。远程触觉技术与5G的低时延能力融合，除了改变医疗应用，也会改变在数字内容领域的互动体验，比如直播、娱乐、服装销售、网红带货，甚至虚拟体验等。

数字经济治理的创新活动

随着数字经济的发展，数字经济的治理面临新的挑战，主要表现在：

产业主体平台化。计算、连接和人工智能将会使数字资源、计算资源、人工智能计算资源快速地聚集到平台上，就像在数字产业发展的阶段，在产业数字化过程中，各种平台也将会出现，这些平台将成为连接产业上下游、政府、媒体、公众的关键产业环节。

行业格局寡头化。数据资源的垄断将会使行业的寡头、巨头存在。这些寡头、巨头将在数字经济的上下游处于垄断地位。

行业平台行政化。由于产业主体的平台化，并且比其他人拥有更多信息，利用数据信息的不对称，依靠数据资源垄断出现的平台将会在一定程度上替代部分政府市场管理的职能。

产业治理能力实时化。由于数据已经成为数字经济的核心资源，加上实时产生、流动、交换，将会对经济自由的配置和管理产生影响，如周期缩短、影响范围扩大。这给数字经济治理的实时性带来了巨大挑战。在管理数字经济的时候，政府部门需要具备实时分析和决策统筹能力。

应对数字经济治理的挑战，笔者认为可以遵从以下方法论指引：

建立数字经济大脑。在数字经济时代，由于数据资源的充分流动及其所承载的经济和社会资源的高速流动，政府经济管理部门需要拥有有关整个产业经济发展的全景视图。一是在物理空间上能够系统地掌握经济组织、经济要素的分布与变化；二是在网络空间中能够准确地掌握数据及其承载的市场活动资源和要素的分布及流动情况，同时也要把两者结合起来，在所辖区域内对整个数字经济的态势实现一图统筹；三是需要对经济相关部门的数据资源进行统筹和开放，既要在纵向垂直管理的维度上统筹，更要在横向的跨部门层级上进行开放。

充分利用5G带来的大带宽、大连接的能力，建立经济相关的实时数据采集系统。5G最大的价值在于其对数据的实时获取能力，在广域空间尺度上的数据采集能力，在工厂车间、企业运营尺度上的数据分析能力以及在设备、生产线、每个家庭、每个电表、每个燃气计量装置的实时数据采集能力。这些能力能够帮助经济管理部门实现经济数据的“普遍统计”，即在任何时间、任何地点、任何物资、任何交易活动的实时连接。经济相关的管理部门可以在分部门建设的同时由经济统筹管理部门建设集中的实时数据采集系统。MEC技术应该被纳入实时经济数据采集系统，以满足对商业数据安全性、机密性的需求。

开放数据服务而不是开放数据。经济数据涉及商业机密，但是，在涉及数字经济治理上，企业、经济管理部门需要开放数据。我的观点是，我们的数据开放应该是开放数据服务，而不是开放数据资源，所以需要建立数字经济数据服务开放的标准而不是数据资源共享和交换的标准。我们已经看到，目前中国在官方经济数据开放上正在加速，已经有开放的可获得的数据，包括国家经济数据、部门经济数据以及以城市为尺度的开放数据。有超过36个城市已经建立了自己的数据开放平台，向公众提供数据服务。

建立产业经济地图系统。对经济要素及组织在空间尺度上的分布的掌控对政府管理部门来说至关重要，建设产业经济地图已经成为政府对产业经济进行治理的核心抓手。目前，国内地方政府上线的产业经济地图还多以静态地图为主。5G的到来，将使产业经济地图变成一张真正意义上的能分析、决策、指挥、调度的实时动态地图。这种地图应该在全球尺度范围内，以所辖部门或者区域为始点和重点，来分析经济要素的分布和流动，以及产业在区域尺度、行业维度、国家尺度和全球尺度的布局。

以上海产业地图为例，综合运用了信息化、数字化方式展示产业经济、空间布局的表现形式，能够对上海地区的产业现状、企业资源、创新资源、产业组织、产业结构等进行展示，直观地反映区域产业发展和布局现状，也能够规划未来产业发展重点和空间布局，起到指引作用。上海绘制产业地图是为了满足“加强全市产业统筹布局，推动产业和区域有序发展、错位竞争，促进各区及重点区域聚焦主导产业，弥补产业和空间之间的信息不对称，更好服务企业投资，为市、区两级引进重大项目提供指引，促进项目快速、精准落地。叠加各类要素、政策资源，营造产业集聚发展的优良环境，形成特色产业‘高地’和综合政策‘洼地’，打造区域产业品牌”。

宏观经济监测、预测、决策系统，对于宏观经济的管理，坦率地说经济管理部门一直缺少有效的数字化工具，主要是由于管理的复杂度以及这种复杂度造成的数据的有效性、经济模型的有效性等问题。随着5G时代的到来，大数据分析技术、人工智能技术，尤其是机器学习技术、高性能计算技术的应用，能够为宏观经济的预测、决策提供可信的数据以及高性能的分析与智能决策，以满足对宏观经济发展态势的及时感知、科学决策。目前，中国一部分地方政府已经上线了这样的系统。5G到来之后，将使宏观经济监测、预测、决策系统更加科学。以深圳2017年上线的经济数据监测预警系统为例，该系统融合了统计局、区大数据中心、经济职能部门等经济数据，实时分析福田经济运行的宏观和微观状况，为政府管理部门提供决策支撑。

建立政策沙盘推演系统。数字经济治理的影响瞬时性爆发，如果决策不当可能对整个经济造成巨大影响。所以，建立数字经济政策沙盘推演系统，并应用于经济管理部门的产业政策决策，将有助于提高产业政策制度供给水平。政策沙盘推演需要借助5G新能力所带来的丰富的经济数据，利用人工智能技术，为政策的制定提供决策支持，从产业维度、企业维度进行分析。在这种系统中，人工智能和机器学习技术将是应用的重点技术，能够帮助经济管理部门处理海量经济数据，并提供可靠的趋势预测信息，便于经济管理部门做出更好的评估。

产业政策绩效评估系统。对于产业政策的绩效评估需要以数据为支撑，利用5G带来的丰富的实时数据，在产业政策绩效评估上，经济管理部门可以从多个尺度进行评估，包括行业尺度、区域尺度、企业尺度以及产品服务尺度，并建立产业政策制定、评估的闭环流程。

以上系统，笔者认为是构建数字经济治理能力的关键系统，也是以后5G为广域连接能力、数据能力以及与其他信息技术深度融合带来的新机会。

数字政府的智能化服务

数字政府与5G融合的一般性框架

在本书前面关于5G在各个垂直行业的应用指引内容中，读者可能注意到了会出现一部分关于利用5G改善监管关系的讨论。本章则着重从政府如何利用5G提升治理能力和效率进行讨论。

在本章中，关于数字政府与5G的讨论，我们还是以政府与公众、企业互动的活动为视角出发，分析5G在数字政府活动中的主要应用路径、模式以及价值。

公民身份认证的智能化。在政府服务中，对公民身份的认证是一个高频场景，在大部分政府服务事项中，往往都需要公民到指定现场亲自办理。到5G时代，远程公民身份认证应该被纳入数字政府建设的关键内容，通过视频分析技术、区块链技术以及5G的大带宽，政府可以建立每个公民不可篡改的、不可逆的数字身份信息，并且能够确保在数字身份信息的交换、使用过程中的安全性、可信性。这样，在政府服务事项中，就可以作为向公民提供政府服务过程中唯一的凭证。

政府专网与5G融合。目前，政府各个部门的业务系统都是建立在政务内外网之上的。政务云、政务大数据平台、政务办公系统以及各个政务业务系统都运行在政务网上。目前，政务网对移动计算的支持存在不足，这主要是出于政务系统安全的考虑。5G的专网技术可以被用来建立政务专网，满足政府在政务网络、政务数据上的安全需求。利用5G专网的好处是能够完美地满足目前政务网络对移动计算的需求，用于服务移动政务应用。目前，其实我们已经看到多个地方的数字政府建设都把移动政务应用作为主要的建设内容之一，采用5G政务专网就可以在移动场景下为公民提供更多的政务服务事项。

政务服务自动化。在政务服务场景中，对于高频的政务服务事项，可以采纳政务服务机器人为公众提供更加便捷的服务。比如，目前我们已经可以在临时身份证明开具上使用自助机器，在北京的出入境管理部门可以使用自助机器办理部分出入境证件。目前，这些自助设备可以向政务服务机器人演化，通过集成机器视觉、人工智能、区块链等技术，安全地接入政务专网，为公众提供更多的政务服务事项。

5G政务服务大厅。笔者注意到一个案例，深圳宝安在区行政服务大厅现有设施基础上，把5G先进技术运用到政务服务中，启动了5G远程视频业务办理，引入了外籍人士人工智能翻译机、智能机器人服务、智能安防系统等，实现从语音到视频的远程互动。

数字政府采纳5G的主要活动

数字政府新型基础设施

数字政府新型基础设施的建设在5G时代至少需要包括以下内容：

5G政务专网。为数字政务提供基于5G与政务内外网融合的大带宽、低时延、高可靠、高安全的基础网络。

政务云平台。统一建设的政务云用来承载政务应用。目前，大多地方政务都建设了政务云系统。

政务大数据系统。建设政务大数据平台，满足政务数据的集中化运营与管理。在5G时代，政务大数据除了关注政务服务过程中产生的数据，还需关注行政相对人及服务对象的行为数据。

政务人工智能系统。人工智能在政务服务场景中会有广泛的应用，也是服务型政府建设的关键能力。政务人工智能系统应该成为数字政府建设的关键系统之一。政务人工智能系统用于满足政府应用的需要，提供人工智能的算力支持。

安全免疫系统。安全免疫系统的设计需要引入数字政务建设的关键系统，为政务系统的物理安全、数据安全、网络安全提供保障，以应对数字时代的安全风险。安全免疫系统的建设至关重要，尤其是在5G时代，安全问题在很大程度上已经成为各国政府共同关注的问题。随着5G与数字政府的融合，新技术的引入，与5G相关的安全技术也需要被引入数字政府的建设中。政府作为一个特殊的部门，对安全的需求以及安全规则有自己的特殊性要求。

数字孪生政务系统。以地理空间信息系统为基础构建数字政务系统，与传统的地理空间信息系统不同，5G融合将会提供与政务相关的政务服务、相关的地理空间数据、社会空间数据以及产业经济空间数据。在广东数字政府的建设中，提出了“汇聚交通运输、水利、生态环境、气象等部门的地图数据，建立完善覆盖卫星遥感影像、电子地图等信息的自然资源和空间地理基础信息库，为政务应用提供多维度空间地理基础信息支撑”的规划。

建立统一的政务服务ID系统。为每个公民、组织分配统一的数字ID凭证，作为接入政务服务系统、使用政务服务的标识。

提高政务服务效率的活动

政务服务机器人。在政务服务大厅，部署支持5G的政务服务机器人，用来为公众提供某些固定程序的、高频的政务服务，比如办理流程的问答、证件的认知扫描打印以及其他政务业务办理。目前，市场上已经有一些为政务服务定制的机器人，在5G的支持下，通过接入5G政务专网，政务服务机器人才能真正地承担起政务业务办理的工作，而不只是简单的问答和流程引导。

移动政务服务。移动APP、小程序、公众号等已经成为用户使用移动互联网应用的关键渠道，移动政务的业务场景受限主要是受限于网络安全，以及对真人在政务服务过程中不可替代的要求制约了移动政务的发展。5G提供了新的安全模型，能够解决终端与系统之间的可信任问题，高清视频和区块链能够解决数据可靠真实交换的问题，尤其是人脸识别和视频智能分析技术，可以帮助政府在政务服务中把更多的业务办理场景向移动政务场景转移。

通过智能政务自助设备减轻政务服务压力。通过引入5G连接能力，以及人脸识别、指纹识别，在5G政务专网的支持下，可以对高频政务事项实现自主办理，通过在就近地点部署智能政务自主设备，提供政府服务。比如广东江门部署了627台“侨都之窗”自助机，实现交通、社保、税务、住建、卫健、不动产等80项服务事项全城通办，“全天候”办理。如果采纳5G专网支持，我相信还可以支持更多的服务事项。

个性化的政府服务。个性化推荐技术已经大规模地应用在商业活动服务中，对日趋在线的政府服务事项来说，也可以通过引入个性化推荐技术，为公众提供个性化的推荐服务，这些推荐包括服务的时间、地点和服务事项的推荐，以及为公众在政务服务过程中提供个性化的流程指引，如对下一步所需准备的资料的指引，按服务对象的性别、年龄以及行为能力的个性化指引。

基于智能搜索的服务。目前，搜索技术已经被引入政务服务中，就像使用搜索引擎一样，公众可以通过输入部分关键词来获得所需要的政务事项。由于政务服务事项的种类和内容非常多，涉及的流程也很多，以搜索方式作为入口，是解决信息过载的好方案。在这方面，英国的基于智能搜索的一站式公民服务商店、深圳市数字政务网及其政府数据开放平台，都采纳了基于搜索的服务。

政务APP或者城市APP。通过开放政务APP，可以为公众提供移动政务服务，目前已经有很多国内城市开发了自己的政务或者城市APP，比如深圳的“i深圳APP”、贵州的“贵州通”等。当然，小程序也是一个很好的选择，也将成为政府服务的重要入口。

降低社会交易成本的活动

从信息论的角度来看，降低市场的交易成本是政府公共服务的主要目标之一，利用5G技术，可以大幅度地改善整个社会的交易成本。

交易成本主要包括信息获取的成本、合约履行以及违约风险的成本。有效降低交易成本，在数字政府建设中可以参考如下指引：

1.开放交易主体以及产品和服务质量数据。通过对各类社会组织、个人提供的产品和服务的历史数据、实时数据的汇聚、分析以及开放，为各类市场交易的标的物提供完备的信息支持，为交易双方提供低成本的交易信息。数字政府建设需要把提供真实可信的市场交易标的物的信息作为主要建设目标，这也是服务型政府建设的基础。

2.利用区块链技术，对交易各方的合同履行以及违约信息进行记录，作为交易各方信用画像的基础技术，同时利用5G所提供的实时数据信息，动态地更新各类交易主体的信用画像。

3.对交易风险采用人工智能技术进行预警和阻断。通过人工智能技术对各类交易风险进行预测性分析，并实时地为交易各方提供预警提示，在关键时刻自动智能阻断，比如由人工智能判断后自行阻断一笔诈骗的汇款，这类交易只有依靠自动化系统才能完成处理，这相当于部署了一个数字执法者。

把数字政府看作一个平台

数字政府是整个智慧社会的或者说数字社会的一部分，与产业数字化、数字经济以及各种平台一起组成了智慧社会。平台模式适用于数字经济，发端于互联网，在很大程度上适用于数字政府的建设。在数字政府的建设中需要具备平台思维，以及基于平台的运营思维，有以下建议可以用作数字政府建设的指引：

一是用户驱动。公民或者社会组织与数字政府平台的关系需要引入用户的思维，从用户在政府服务过程的场景出发，按照用户的全生命周期、全流程环节进行设计，把管理与服务相融合，利用5G等新一代信息技术，提高公众体验，同时大幅度降低政务服务的成本。

二是政务应用商店。政务应用商店是数字政府提供的一种集中的应用分发和运营系统。互联网的发展经验告诉我们，希望通过一个单一的APP满足用户的所有需求是不现实的。随着各地政务数据的开放，政务应用的创新需要被鼓励，用以为公众提供个性化、差异化的政府服务。

三是数据驱动与开放。基于数据的驱动需要贯穿整个政务服务的过程，建立政务服务所涉及的人、物、空间、事、情的端到端数据采集、分析决策、审核稽查。而政务数据的开放将决定一个地方营商环境的友好性。数字政府的建设和运营者应该意识到，作为社会治理、经济运行的核心数据集之一，政务数据的开放将为整个社会的经济发展注入优质的数据资源。

四是生态运营。目前，数字政府的应用大多还是处于政府统筹状态。随着5G等新技术的普及，大量数据将出现数据潮。在满足公众的政务服务以及商业和社会治理的服务应用创新上，需要引入生态运营方式，让更多具有创新能力的厂商参与，围绕数字政府的数据平台打造数字政府的应用生态，公众会获得更好的体验，也会大幅度降低政务应用开发、运维的成本。

Part Three

第三篇

5G 时代，电信运营的转型与变现

新机遇与新挑战

数字化主义与5G

当前我们处在一个新的信息化阶段，即数字化阶段。数字化阶段的最显著特征是人们把数字化技术视为解决经济发展、社会变革以及人与环境矛盾的主要工具，并且认为，通过数字化技术，人们将会掌握对所管理的对象、机器等事物足够多的信息。在强大的计算能力，尤其是人工智能的智能能力帮助下，人们会做出更科学的、更有效的决策，并依据这些决策和数字化技术以及其所提供的工具和设备采取行动。把数字化技术视为解决一切问题的终极工具，被称为数字化主义。

为什么可以把数字化视为信息化的高级阶段呢？数字化首先关注的是万物数字孪生。通过数字化的建模技术，人们希望真实的物理空间、社会空间和经济空间的人和事实现一个数字孪生的实体。这个数字孪生的实体，用来与真实的物理世界进行连接并反映真实世界的事物的运行情况。由于数字孪生的实体可以通过计算机软件来进行管理，这为人们构建一个孪生世界提供了新的想象空间。

所以，最能反映数字化主义的典型技术就是数字孪生技术。德勤在一份咨询报告中，对数字孪生的定义是以数字化形式对某一物理实体过去和现在的行为或流程进行动态呈现，这有助于提升企业绩效。在这个定义中，也可以把“企业”两字换成“组织”。数字孪生的真正功能在德勤看来是能够在物理世界与数字世界之间建立全面、实时联系的。

在实践中，对数字孪生技术最大的场景是用于工业。工业4.0的出现将会让数字孪生技术成为推动数字化技术与工业融合的最大概念风口。

另一个能够代表数字化主义的典型技术是数字大脑。中国最早的成功案例是杭州的“城市大脑”，由阿里巴巴提供技术解决方案，为杭州市解决了交通问题。数字大脑在技术系统上代表了一种中心化和集成主义的趋势。也就是说，从人类视觉的角度看，在数字化的世界里，应该有一个集中化的决策指挥单元。这个单元从人类自身的直接经验走出，被称为数字大脑，这种大脑以多种名字出现，比如说城市大脑、数字大脑等。

无论是数字孪生，还是数字大脑，在5G出现之前，大多受限于计算、存储、带宽的能力和成本的限制，在大部分工业场景中还处于概念阶段，当然，传感器的尺寸、能耗以及信息传输的能耗也限制了数字孪生和数字大脑的发展。

按照5G的技术设定目标，数字化主义对整个电信行业来说是一次巨大的机会。5G所设定的三大场景以及5G在核心网方面全面采用了IP技术，这些颠覆性的架构和变革能够为数字主义提供在理论上低成本的计算存储以及带宽解决方案。从5G一开始出现，各种咨询研究机构就对5G之后所带来的连接规模和流量规模展开了充分想象。在未来五至十年中，全球将有数以百亿的连接，如此规模的连接大跃进，从可以预见的场景来看，只有数字孪生技术与5G的深度融合才能为数字大脑的实现提供基础。

社会结构变化带来的新挑战

在人类历史的发展长河中，推动社会结构变革的技术主要有三种：一是能源技术，二是通信技术，三是交通技术。从人力到马力再到电力，能源技术的进步改变了人的生产关系，使得人类社会在空间上聚集的规模和地点都发生了颠覆性的变化。在能源技术的推动之下，通信技术的变革是改变人类生产和生活方式的最关键技术。尤其是移动通信技术和互联网技术的出现，为人们解决了因为时间和空间的限制带来的交流问题，人们可以在任何时间和任何地点彼此随时随地地沟通、交流信息、进行交易。交通技术是另一个深刻的影响，这是人类社会结构的三大基础之一。美国的汽车和中国的高铁都对各自的社会结构产生了巨大的影响，这已经充分说明交通技术对社会结构的变化起着关键性作用。

就中国社会而言，当前整个社会结构正在发生着巨大变化，这是电信运营商必须认识到的。最主要的社会变革趋势有三个方面：一是人口在空间的布局将发生巨大变革。中国大量人口正在向城市转移。各种来自官方和民间的权威研究机构的研究表明，在未来，中国将会有超过75%的人口生活在城市空间里。二是人口在产业空间的布局将发生巨大变革。中国大量人口将从他们所从事的第一、第二产业向第三产业转移。未来许多产业将会由大量的机器设备等生产力资源替代人力资源。三是人口在城市空间的布局也将发生巨大变革。中国城市空间的布局将以区域组团的方式出现。这其中既有超大规模的城市群，如京津冀、长三角和粤港澳大湾区，也包括以中心城市为核心的城市群，如成渝城市群和山东半岛城市群等。

也就是说，人口在国土空间、产业空间和城市空间的变革具备结构性和持久性。这种变革将会对整个社会的经济发展、社会管理、城市运营和产业升级带来基础性和结构性的影响，同时也会对前文所提到的能源技术、交通技术和通信技术的需求产生颠覆性影响。

经济增长模式变化带来的新问题

中国乃至全球的经济增长模式都发生了结构性变化，这种变化突出表现在数字经济被主要国家和地区视为未来经济增长的核心增长引擎。

在十九大报告中，政府明确把数字经济作为新兴产业发展的主要增长方式，明确提出要“供给侧结构性改革深入推进，经济结构不断优化，数字经济等新兴产业蓬勃发展”。国家也制定并发布了促进数字经济发展的战略纲要。英国也出台了数字化战略，并把数字经济作为主要战略方向之一。

毋庸置疑，5G将是推动数字经济发展的主要引擎之一。5G产业本身是数字经济增长最重要的经济部门。同时，5G与产业的融合将进一步提高其他经济部门的资源利用率，从而推动生产效率的提升。

同时，我们还应该意识到经济的增长与环境的相容性是未来发展的主要模式。在发展经济的同时，我们如何更好地利用自然环境的资源，尽最大可能地减少对自然环境的破坏，寻找可持续的经济增长模式。只有通过数字化技术才能使经济管理者和企业做出符合经济发展与环境相融的选择。数字化技术可以让经济管理者、企业决策者以及消费者在进行产业政策管理、生产决策和消费选择中，从预测、分析、决策等多个角度提供支持，帮助整个社会进入理性经济增长状态。

我们还需要注意，经济增长模式的变化是制造业的升级。目前，中国拥有门类最为齐全的工业体系，这些工业体系将在数字化的浪潮中迎来新一轮技术改造的浪潮。这种改造的目的是为了提高整个工业部门资源的利用率、产业结构化的升级，以及全球竞争力的提升。那么，在整个工业制造领域，数字化技术将是解决问题的不二法门。

数字化带来的垄断效应

数字化技术将会推动新的产业垄断者出现，这是电信运营商应该注意到的未来趋势。我们可以回顾一下互联网的发展是如何创造出新的垄断者的。随着全球计算机接入互联网，人们对信息的需求方式从点到点、点到多点的方式获取逐渐演变为多点到一个中心点的获取方式。雅虎的出现是为了提供在信息过载的情况下，如何帮助人们更好地获取信息的解决方案。此后，无论是谷歌、脸书、推特还是中国的新浪、搜狐、腾讯等都是通过中心化，以垄断者的姿态取得成功的。这些互联网巨头，都从小公司成长为垄断巨头，相比传统行业的巨头来说，它们花费的时间更短。因为这些公司对于信息的获取和汇聚，在互联网技术和通信技术的帮助下，成本更低，速度更快。

同样的场景也将会发生在数字化产业和产业数字化的进程中。当大量机器设备接入网络，在数字世界拥有一个数字孪生的实体之后，数据必然向一个中心化的组织汇聚，这种汇聚可能受益于产业政策、市场运营能力和新的技术系统，新的垄断型平台将会出现。数据在5G时代核心资源的这种汇聚必然会导致多个行业出现垄断性的厂商，通过对数据资源的垄断成为行业的垄断者。我们完全可以想象，在我们熟悉的各种行业，比如交通、金融、教育、医疗等，这些原本属于分散性竞争的行业，可能会在未来由一个或者多个垄断巨头提供数字化服务。

电信运营商面临新的课题

过去几十年，电信行业增长的主要发动机是用户连接数的增长。这种情况在4G以后出现了新的变化，即无论用户的规模还是用户使用量的增长，都没有给电信运营行业带来业务收入的增长。

从全球角度，我们来看一下过去几十年整个电信行业的增长趋势：

地区	年变化率（移动收入）	
	8年（2009—2017）	4年（2013—2017）
亚太	5%	1%
北美	4%	3%
西欧	0%	-2%

数据来源：filinGs,STL partners分析

亚太地区的移动运营商8年平均增长率只有5%，从2013年到2017年，4年平均增长率只有1%，西欧地区更是惨烈，过去8年增长率为0，且从2013年到2017年的增长率为负2%。

在STL Partners 看来，电信运营商此前追逐的目标是“改善世界的连接性，让更多人口连接到网上，但却不太可能为电信公司带来大量的新收入”。

对连接数增长的追求未必能带来收入机会，除非这些连接是“解决问题”的连接。

那么，什么问题需要解决？

当前人类面临很多问题，这些问题正在给人类的工作、生活以及未来带来巨大的不确定性，并且风险是系统性的。这些系统性的不确定性风险需要纳入电信行业变革思考的清单。

由于电信运营商主要的注意力集中在连接的增长上，以至于错过了互联网发展的黄金机遇时期。

谷歌、脸书、微信、阿里巴巴、京东、小米、Skype、抖音、快手、今日头条、亚马逊，这些增长公司或者业务几乎都与电信运营商无关，整个电信行业过去有以下状态：

1.只关注自己的流量和用户的增长，以及乐此不疲的价格竞争

（电信行业）。

2.在出现新事物时视为敌人（微信）或者傲慢地不予理睬、横加指责（Skype）。

3.对未来的计算增长机会视而不见、行动迟缓（AWS Cloud）。

4.完全没有能力意识到社会的心理结构正在发生新的变革，以至于人们对数字内容的需求发生了质的变化（抖音、快手、爱奇艺）。

5.对新技术更是处于旁观者的无知状态（人工智能、深度学习）。

6.对电子商务置身事外，自身的业务无法融入电商的洪流中，更无法参与到电商的大历史进程中。

电信行业很少思考如何解决人类的问题，更关注如何利用新技术“盈利”，缺乏对人类社会和经济发展的终极关怀。这需要电信运营商研究问题，而不是仅关注如何增长。

从5G开始，电信运营商的核心任务应该是多研究问题，而不是研究如何增长，就中国而言，也有很多问题需要研究：

1.日趋增长的城市人口对环境和资源带来的挑战。

2.大城市交通拥堵带来的效率降低和环境污染问题。

3.中国城镇化进程伴生的文化、经济、社会结构问题。

4.教育、医疗资源的公平性问题及其答案。

5.经济一体化的区域协同带来的资源配置和人口流动性问题。

6.国家制造业全球化竞争力提升的问题。

7.企业资源和效率的问题。

8.气候环境变化带来的挑战。

…………

5G时代，运营商要解决万物的普遍服务问题，并把万物的普遍连接问题与经济社会自然发展所面临的问题融合起来，寻找新的产业增长空间。

万物的普遍连接问题显然不是电信行业一家的事情。如何解决各行各业的连接问题，需要电信运营商与各行各业的合作伙伴联合起来共同解决。

只有解决问题的技术，才有持久的生命力。以人工智能技术为例，普华永道的一篇研究报告中提出人工智能在解决整个地球所面临的问题和挑战方面可以发挥巨大作用，这些问题同样也应该是电信运营商们所关注的。

来源：普华永道的报告《利用人工智能促进地球发展》。

每一个问题都需要数字化的连接，也都需要人工智能，但是，如果电信行业不理解千行百业的需求本质，尤其是社会所面临的巨大问题，就必然不能提出解决问题的系统化解决方案思路，那么，整个电信行业被边缘化就不可避免。

5G时代的核心战略资产

增长的商业逻辑

电信运营商每年财报所公布的主要指标包括用户数和连接数。这两个数字被电信运营行业视为评估一个企业未来的核心指标。

进入5G时代之后，如果电信运营商想追求新的增长模式，就必须对所关注的核心指标进行修订。修订指标的过程实际上是调整战略目标和经营宗旨的过程，如果战略目标和经营宗旨的调整与财报指标没有任何关系，那么，所谓的战略转型就会成为无水之源。在笔者看来，在5G时代，电信运营商的核心指标应该包括以下四大指标：计算、智能、数据、连接。

计算的算力。电信运营商需要把计算增长作为未来核心增长的指标。这些计算既包括云计算所提供的计算能力和服务，也包括边缘计算，同时也应该考虑在做物联网终端智能设备向客户提供的市场规模和份额。如果采用简单粗暴的方法，当然可以只统计运营商在云计算市场中的份额，但是这个统计方式略显粗糙。在我看来，计算服务的市场份额还应该包括边缘计算在各种智能设备的应用。上述都应该被纳入运营商所提供的计算服务范畴。

人工智能的智能能力。考虑到人工智能将成为各行业都需要的通用服务，电信运营商应该把向各行业提供人工智能服务列为最主要的增长指标。评估人工智能的能力，可以看电信运营商为行业市场所提供的服务，比如将人工智能调用的次数或GPU资源的消耗情况作为评价市场份额的依据。

数据多资源及数据服务的增长。电信运营商可管理的数据源、数据规模以及所能提供的数据服务能力和被各行各业调用的数据服务的次数，应该被列为运营商经营水平的主要评估指标。

连接指的是运营商可管理的连接规模以及连接类型。这种连接类型应按行业进行评估，并按行业的价值链进行细分。比如，单纯的统计运营商可连接的家用轿车数量是不够的，还需要考虑对于汽车制造业上游和下游的连接，以及汽车本身相关产品和服务的规模及种类。这样才能对电信运营商的连接在汽车行业的竞争力做出相对完整的评价。

以上四类指标就构成了5G时代电信运营商追求增长的核心指标体系。

那如何发现并确定从哪些地方能带来这四项指标的增长呢？电信运营商应该意识到一个事实：连接所在之处，既是计算所在之处，也是数据产生之源头，更是智能所需要的地方。这要求电信运营商把连接、计算、数据与智能看作一体。

核心战略资产的逻辑

在20世纪90年代的电信行业中曾经流行过一句话：网络质量是通信企业的生命线。这句话帮助中国移动从2G时代到3G时代，一直到4G时代，既取得了成功，也抵御了系统性风险。毫无疑问，网络资产是电信运营商的核心战略资产，其资产规模和质量对于电信运营商的核心竞争力的构建具有至关重要的作用。

那么，在5G时代，电信运营商还应该把什么视为核心战略资产呢?

行业专网的规模和数量。与电信运营商向公共服务市场所提供的网络不同，行业专网是为特定行业客户所提供的网络服务。电信运营商向多少个行业、多少位客户提供专网服务，这些专网服务所代表的网络质量覆盖的区域以及涵盖的业务范围就会对运营商核心竞争力的构建产生至关重要的影响，因此，行业专网的数量、质量和行业分布都将会构成电信运营商核心战略资产的关键组成部分。

数据资产。在5G时代，数据将是电信运营商的生命线。确切地说，数据的规模决定着电信运营商的未来。运营商需要尽可能多地连接、管理各种数据源。这些数据源的行业分布、空间分布以及这些数据源所能贡献的数据规模和种类决定着运营商所管理的数据资产价值。在数据资产方面，运营商拥有相对竞争优势，尤其是5G时代到来之后，位置信息被视为5G技术所能提供的最主要信息能力之一。5G网络把万物的位置信息进行实时共享并呈现这种信息与万物其他状态的信息相融合，这是一种自然的过程，作为拥有这些信息的电信运营商在数据整合方面拥有天然的优势。

作为客户资产组成部分的机器用户。从经济价值的角度来评估机器用户的资产价值，显然，移动性越强的机器用户，其资产价值越高。具有自主行动能力的积极用户和处于工作状态的机器用户的时长都是用来评估积极性和价值的重要指标。同时，具有智能能力的机器用户也具有评估的价值。

新的价值网络体系

新的竞争对手

由于业务边界的扩大，竞争对手在电信运营商地域中的定义也在发生新的变化。虽然在心理上和实践上，电信设备制造商、互联网厂商以及IT公司都已经成为电信运营商事实上的竞争对手。但是，运营商却从来没有在战略和战术层面上重视这些新的竞争对手。电信运营商们主要把精力放在了与传统电信运营商的竞争上，以物联网为例，电信运营商之间的竞争也主要是物联网通道和物联网连接平台的竞争，且这个竞争是在狭窄的电信行业范围内展开的。对互联网公司，比如阿里巴巴、腾讯、亚马逊，对IT公司，如IBM、微软等推出的物联网平台视而不见。

运营商面临纵向一体化的威胁

5G到来之后，连接与计算将会高度融合在一起。数字产业的主要玩家都将会直接面向最终客户。这其中以电信设备制造商、互联网巨头、IT公司和云计算公司最为典型。目前，这些领域的厂商既是电信运营商的产品和服务提供商，又是最终客户的产品和服务的提供商。这在事实上使电信运营商的价值网络体系受到一定程度的扭曲。电信运营商的上游产业链开始借助研发和产品优势，进行纵向一体化的整合。这将会在某种程度上大幅度挤压电信运营商的利润空间和市场议价能力。对电信运营商来说，为了应对上游产业链纵向一体化的竞争威胁，他们需要采取多种策略。

加速向前一体化

通过与客户签订长期合同并在资本方面建立合作机制，例如通过增加对客户的产品和服务的购买，充分发挥电信运营商全程全网的服务优势，由此能够满足客户多场景、多地点的需求，或者电信运营商利用营销网络优势提供客户产品和服务的销售能力，从而形成竞争壁垒。

大幅度提高区域的运营能力

客户运营和服务能力是区域运营能力提升的关键点。电信运营商应该意识到这点并保持强大的执行力，地面部队是确保5G时代运营商成功的核心战略能力。区域公司的运营能力应该得到大幅度提升，而不是削减。运营能力的提升是指公司具备为客户提供业务咨询与运营的能力，这种运营能力不是指电信业务本身的运用，而是指客户业务的运营。电信运营商应该成为客户的顾问，而不是运营商的销售，这也是区域公司运营能力提升的关键。

和产业伙伴以产业为维度的横向联合

这些联合至少应包含标准、数据、平台、运营四个维度。运营商需要从这四个维度与千行百业的产业伙伴共同开展基于5G的技术创新、工艺创新、产品创新、运营创新与价值创新。这其中，运营协同是运营商与产业伙伴进行横向联合的最关键环节，如何创建新的运营模式来共同创造客户的价值，并从这种价值的新创造中建立与合作伙伴的共享和分享机制，是决定运营商在5G时代能否真正地融入千行百业的重点。

维持多供应商战略

电信运营商的上游供应商需要继续维持多供应商战略。在采购过程中，强化对弱势市场地位的厂商扶持，同时在采购标准上强化所购买产品和系统的标准化及可替代性，利用电信运营商的购买策略推动上游产业链的多样化。

提高资本投资的价值

电信运营商需要利用现金流能力和市场能力对人工智能、大数据、物联网通信等领域的上游产业链提高投资活动的频率和投资的规模。尤其是在具有产业基础性的技术和产品方面，应该加大投资力度，同时在产品购买上进行倾斜。

从人到机器的顾客新界面

建立机器用户的洞察能力

电信运营商不应该继续把机器用户视为特殊用户。因此，运营商需要建立对机器用户的洞察能力，并把这种能力视作5G时代核心能力来构建。机器用户洞察至少包括以下内容：对机器的位置状态轨迹以及机器的行为进行个体层面的洞察；对由多个机器和多种类型机器的联合行为进行洞察，从而电信运营商可以更好地理解机器用户的行为，并为之提供更好的连接计算和智能服务。我的建议是：电信运营商应该成立专门的机器行为研究和分析部门，用来应对5G时代大规模的机器用户的管理和运营。

面向机器用户的服务支持系统

运营商应该建立基于人工智能的机器用户服务系统。这些服务系统应具备机器用户自主对话的能力。这种具备安全性和实时性的对话能力能够快速地针对机器用户出现的问题进行处理。我们无法想象，一个没有计算机人工智能支持的机器用户客户服务系统能够满足这种舒适性和安全性的要求。当然，机器的服务系统并非完全由面向机器用户的人工智能提供服务。按照服务事项的级别，可以在不同的服务阶段中通过人工介入进行决策。这样的客户服务系统要以满足实时性、安全性、可靠性和稳定性为目标来协助机器用户开展服务。这一点与面向人的客户服务系统完全不同。

为客户提供运营决策支持

运营商可以利用跨越客户所在的产业优势，把整个产业链的数据资源用来帮助客户在供应链管理、生产决策、市场营销和客户服务等方面提供运营决策支持。支持形式包括提供咨询服务、决策报告、研究报告、行业洞察和企业经营分析报告，为企业客户在各种经营活动中提供客观、可信、可靠的基于数据的服务支持。

寻找与客户分享价值的新模式

5G能够为电信运营商与客户共同对产品和服务价值所创造的每个细节提供全新的洞察能力。在这种洞察能力的帮助下，电信运营商可以与客户共同协商，发现5G带来的价值，帮助客户管控成本，实现效率方面的提升，还能帮助客户在新的市场和场景中发现产品的新价值。

基于结果的定价关系

在5G的帮助下，运营商与客户可以基于产品或服务的交付结果进行定价。基于结果进行定价，需要大量信息，如产品和服务的位置信息、场景信息、使用者信息，以及产品和服务所提供的能力，或者对使用者来说的效用信息。基于结果进行定价，实际上是电信运营商利用数据分析能力，在精准预测的基础上与客户共同通过消除不确定性而做出的某种承诺，最后，电信运营商可以获得收益。

向新的边界跨进

数字经济基础设施的提供者

从历史使命的视角来看，电信运营商在过去一直是通信基础设施的提供者。在这个过程中，为了完成这一历史使命，电信运营商持续不断地扩大网络覆盖能力。从固网时代进入移动通信时代后，通信基础设施主要通过移动通信技术完成。此后，全球各国和主要地区开始寻求对有线宽带网络的普遍服务。

进入5G时代之后，由于5G与数字经济同时发生并相辅相成，电信运营商新的历史使命就转变成了为数字经济提供基础设施。

提供优质的移动宽带网络

在广域范围内，为数字经济提供优质的移动宽带接入服务。广域范围的覆盖是电信运营商继续保持竞争优势的关键能力。在5G时代，大量的行业客户可能会选择通过私有或者专用网络的方式为自己提供连接服务。对电信运营商来说，广域网络形成的移动宽带接入能力就显得更加重要，这种广域能力，尤其体现在偏远地区以及全球的联通性上。

随时随地的可用性与网络的可靠性和安全性是决定未来运营商移动宽带网络释放优质的关键指标。

提供普遍的计算服务

在5G时代，电信运营商应该把计算普遍服务作为发展的主要目标。计算资源的可获得性将成为评价数字鸿沟的关键指标。但是，计算资源又是一种稀缺资源，只有它为每个行业、每个人、每台机器提供可负担得起的计算服务，数字经济的发展才不会成为无源之水。也就是说，电信运营商在提供普遍连接服务的同时，可以让计算服务在业务和产品上实现高度融合。

电信级的感知网络

感知网络需要被电信运营商纳入连接服务的基本范畴。电信运营商需要放弃一种观点，即通过提供接入网关的方式满足复杂感知网络的接入。运营商必须与行业客户一起共同对行业里的感知网络进行设计并提供网络的建设和运营服务，利用5G的技术优势实现移动通信网与感知网络的纵向一体化整合。

安全服务

电信运营商必须把安全服务作为一种基本运营服务能力，在连接计算、数据以及运营方面必须提供高等级的安全服务。当然，在安全服务方面，电信运营商需要建立开放的安全运营系统与行业伙伴共享安全信息，建立安全知识库，构建安全标准来最终确保客户的设备网络系统以及业务安全。

数字经济关键平台服务运营商

“运营”这两个字是思考电信运营商如何在数字经济领域提供关键平台的定位核心词。因此，我们主要从运营的视角，对电信运营商在数字经济领域关键平台的构建提出建议。

数字孪生服务运营

电信运营商需要把数字孪生技术以及数字孪生平台视为数字经济的核心基础设施。通过与行业伙伴联合，构建直接为各行业提供数字孪生服务的平台工具以及运营系统。数字孪生平台是电信运营商与各行业进行融合的关键性基础设施。

人工智能普遍服务运营

电信运营商需要把人工智能的普遍服务作为赋能数字经济发展的关键性服务。以平台的方式，开展人工智能的普遍服务运营是一个不错的选项。人工智能平台的建设和运营有两个选项：第一，电信运营商提供人工智能的通用性平台，主要是聚焦在基础设施即服务（IaaS）层和平台即服务（PaaS）层；第二，在软件即服务（SaaS）层，运营商需要与行业伙伴一起开发和建设垂直领域人工智能平台，并形成某种联合运营的合作机制。

垂直领域的运营平台

在5G时代，运营是电信运营商形成差异化竞争优势的关键能力。在垂直领域，面向最终客户提供运营服务是与行业客户深度融合的主要途径。由此，运营平台将会成为运营商与行业客户连接的价值平台，如在智慧城市领域，为政府客户提供的城市运营服务平台；在车联网领域提供的交通运营服务平台等。

计算与智能、连接的融合服务

在5G时代，毫无疑问，连接依然是非常重要的刚需。但是，在需求层次上，与计算和智能服务相比，连接距离客户的最终需求更远。从技术视角上来说，电信运营商的转型是从连接服务提供商向计算与智能服务提供商转型。电信运营商必须意识到IT产业与CT产业的边界已经消失，计算与连接泾渭分明的情况不再存在，计算与智能服务泾渭分明的情况也不再存在。计算连接与智能服务，需要同时出现在客户所需要的地方。

广域连接与行业连接融合

行业客户往往会自己建设跨区域的网络覆盖。这些区域性的网络覆盖主要是用来满足行业客户自身的管理和生产需求，但是不能满足行业客户的产品或服务跨行业、跨区域、跨地域的连接需求。运营商通过自身的广域网络覆盖能力把区域连接与广域连接进行融合，满足行业客户对产品的全程全网连接需求。

广域连接与区域连接的融合

部分行业客户可能会通过在所在区域建设独立的5G专用网络的方式，满足特殊的连接需求。电信运营商通过为这些区域连接提供全程全网的连接能力，满足区域连接客户跨地域与跨行业的连接需求。

广域连接与局域连接的连接融合

所谓局域连接，主要以感知网络的形态存在，而机器用户通过局域连接完成通信服务。电信运营商通过5G提供更加可靠的广域连接能力，为不同地点的局域连接网络提供更加可靠、实时的连接服务，满足在不同时间和地点进行机器协同生产的需求，从而做到连接与计算的融合。

在边缘处提供连接与计算的融合

边缘计算技术为连接与计算的融合提供了新的解决方案。以视频监控为例，可以在摄像头处对采集的视频信息进行计算处理，提取视频中有效的结构信息，从而使采集传输与计算可以在本地完成。

在边缘处提供连接计算与智能的融合

自动驾驶场景是另一个能体现连接与计算及智能融合的优秀场景。当自动驾驶的汽车在路面上行驶时，无论是汽车本身，还是负责车路协同的智能处理设备以及系统，都可以在提供连接服务的同时，完成各种计算处理。最终通过与人工智能能力融合，帮助自动驾驶的汽车做出行为决策的指引。

在云端提供计算与智能的融合

计算服务与人工智能服务融为一体，直接满足了行业客户在生产管理决策服务过程中的决策支持和行为指引。比如在医疗领域，通过云端专家系统对手术场景提供实时决策支持。

行业智能融合

与行业客户相比，电信运营商拥有更多的有关本行业的显性知识和隐性知识。在5G时代到来之后，这些显性知识和隐性知识将以行业智能平台的方式存在。运营商的连接和计算需要与这些行业智能能力进行融合。融合的方式包括标准、平台以及应用。

5G时代电信运营的运营定位

5G带来的新能力必然会推动整个电信运营行业向新的边界跨进。从运营角度来看，5G时代电信运营商的转型，至少有几种角色可以供电信运营商进行选择。

数字经济基础设施的运营商

如前所述，数字经济的发展离不开计算、连接与人工智能。对电信运营商来说，提供计算、连接与人工智能融合的基础设施，承担这些基础设施的投资建设与运营，并作为数字经济的公共服务。这既是市场的需要，也是国家经济和社会发展的刚需。

数字经济本身巨大的经济发展空间，以及各个产业采纳数字化技术所带来的经济外部性决定了无论是从国家角度，还是从市场的角度来看，优质的数字经济基础设施都是必不可少的。

为了满足市场一体化和经济发展中各个行业高度协同的要求，集中高效的数字经济基础设施运营主体将是一个必然的存在。也就是说，数字经济基础设施需要以寡头垄断的形式存在。

这种垄断性可以解决长期投资与短期利益的平衡，并且考虑这种基础设施作为公共品对整个国民经济和社会都具有价值。

当然，作为数字经济基础设施的提供者电信运营商来说，这并不是一件简单的事情。运营商需要改变以前的战略定位，并且应对来自IT电信设备制造商、互联网厂商等组织的挑战。

新型智慧城市运营商

未来城市的存在，除了物理城市，还将会有一个数字孪生的城市。城市的管理者会大规模采纳数字化技术，构建数字政府、数字社会、数字经济以及数字城市。他们通过数字化技术，提高整个城市的发展潜力和资源利用效率，解决城市发展过程中人与自然和环境的相容性问题。这意味着大量数据将会被产生出来，这些数据会成为城市日常运营和发展的基础依据。对城市的管理者来说，基于数据的决策、指挥调度以及管理都需要有一个可靠、可信、安全的合作伙伴。电信运营商在网络品牌以及企业的资本属性方面具有天然优势。城市运营商将会成为各个城市管理者开展智慧城市的规划建设运营的重要合作伙伴。这是电信运营商在5G时代的一个全新机遇。以城市为断面，电信运营商可以加深对社会管理和经济发展的理解，从而有助于加速5G与千行百业的融合。

行业平台运营商

可以预期，随着数字化技术大规模的普及以及数据资源的垄断，行业平台运营商将会出现在各个行业中，尤其是处于自由竞争状态的行业。对电信运营商来说，通过对自由竞争行业的知识规则标准以及数据的汇聚与融合，可以以行业平台的方式构建这类行业的基础设施，为行业的上下游客户提供运营服务。在有行业垄断巨头存在的市场中，电信运营商并不具有这样的机会，只有在那些厂商分散竞争的行业，经营商才可以利用数字化技术以及数据的垄断优势参与行业的运营。

行业专网运营商

电信运营商通过与行业合作伙伴进行充分的合作，利用5G提供的网络切片功能和边缘计算等技术方面的优势，构建满足行业客户需求的专用网络并提供计算连接与智能服务，以行业专网运营商的定位开展运营服务。作为行业专网运营商，电信运营商需要具备透彻的行业理解能力，这种能力包括咨询服务能力和运营能力。专网服务运营商需要认识到，不只是提供连接服务，按照行业的业务需求，帮助行业客户进行连接计算与智能规划和运营才是专网的真正含义。

对电信运营商来说，在5G时代，无论是以上各种运营角色，还是基础性运营能力，在数据资源的整合管理运营与服务方面，运营商必须把数据运营上升到公司的核心战略层面上来。

领先的商业模式

领先的商业模式决定5G的领先

决定5G领先的关键是商业模式，不是网络覆盖，也不是采用SA或NSA的组网架构。

业内知名专家韦乐平先生曾在公开场合提到，只有部署SA，采用SA才能实现5G网络领先，进而才能转向垂直行业，最终实现5G领先。

从电信运营商发展历史的成功逻辑上看，韦乐平先生的这个观点非常契合电信行业人的直觉：采纳领先的网络技术→尽善尽美的网络覆盖→性价比极高的终端→产生利润。

但是，实际上部署SA和网络覆盖，并不是决定5G领先的决定性要素，更不是能够使5G成功的关键要素。

从技术上来看，SA组网和NSA组网是为满足需求场景不同而进行的框架性技术体制设计，并不代表SA组网就比NSA组网领先。

毫无疑问，SA组网架构有其未来想象的优势，这种优势来自电信运营商目前对增长和发展的主流预期和判断，即垂直行业市场能够为电信运营行业提供规模性的持续增长。

从商业逻辑上看，这个观点理应获得支持。那么，我们需要思考的问题是，是不是采纳了SA组网，把基站放到工厂的厂区、商城的楼层或者港口码头，5G就能够获得成功呢？

在我看来并不是，网络覆盖和网络质量只是5G领先的基础，至于是选用SA还是NSA，对行业客户来说，他们关注的是能否解决自己的问题。

而解决垂直行业客户的问题，技术思维能发挥的作用就很小了。目前，电信运营商在垂直行业的思考逻辑还是从高带宽、低时延、高密度的角度去思考的。这样的思考逻辑必然更倾向网络质量和网络架构，这依然是以行业自我为中心出发的。

不会有人关注别人的问题，除非别人能够解决自己的问题。这个逻辑既适用于个人，也适用于行业，这是一个商业成功的基本逻辑。其实，亚当·斯密早在《国富论》中就已经提到了这个观点，即个人追求私利会增加所有人的福利。

所以，5G的领先前提是商业模式的领先。因为庞大的投资需要大规模、可持续的现金流。现金流没有领先的商业模式，就没有可持续的5G发展。

虽然截至目前，还没人能够说清楚什么是成功的5G商业模式，我们也无法确定5G首先会在哪个垂直行业成功，但是，我们依然可以按照基本的商业规律来定义一些成功的5G商业模式的基本特征。

第一，成功的5G商业模式必然改变行业结构。只有改变一个行业的行业结构，才能改变该行业的利润和成本分配结构，5G产业才能从这种改变中获得收益。在这方面，新技术改变行业结构的例子很多，比如互联网的出现，改变了媒体的产业结构，也改变了视频娱乐内容的结构，更改变了人们获取信息的结构。比如，随着智能操作系统的出现，苹果手机取代了以诺基亚为代表的功能机，从底层改变了手机及应用软件的逻辑，创造了一个全新的应用商店软件服务市场。在行业结构的改变中，新的巨头诞生，旧的企业没落或者重生。从理论上来说，5G也必将改变很多行业的结构。

第二，成功的5G商业模式必然改变客户的商业模式。推动客户商业模式的再造和革新，帮助客户重新定位，为客户创造新的关键资源或改变关键资源的情况，改变客户向用户交付产品服务的方式，重新定义客户的利润结构、成本结构等。此类事例更是比比皆是，比如，上汽联合阿里巴巴重新定义汽车，推出互联网汽车，开辟了一个新的汽车市场；随着4G的普及和流量资费的下降，主流视频网站都向移动端迁移；随着共享经济的发展，传统汽车公司布局出行领域，重新定义自己的战略目标。

第三，成功的5G商业模式必然改变客户的产品、服务形态。一项新的技术的出现，或者改变已有产品的形态，如人工智能应用把音箱变成了智能音箱，比如如今的手机早已超越了早期手机的功能定义。或者创造一个新的产品品类，比如电力出现后，出现了电视、电话、计算机；网络带宽增加之后，光盘消失了，放在家里的硬盘也消失了。5G对产品形态的概念，首先将是无所不在的智能与现有产品的叠加。

第四，成功的5G商业模式将改变行业客户的用户结构，从低价值客户群向高价值客户群转变；或者以更低的成本覆盖无法触达的客户市场。比如电子商务在中国的高速发展，其实与电信运营商网络的覆盖质量密切相关，也与中国在公路、高铁上的大规模投资紧密相关，解除了物流配送，消除了数字化鸿沟，毫不客气地说，是手机网民的增长撑起了电商的高速发展。

5G商业模式的成功应该是行业客户、电信运营商、设备制造商，以及其他所有人的成功。按照魏朱的观点，商业模式本质上是一种交易结构。成功的商业模式不应该是零和游戏，大家都能赚到钱，才是可持续的5G商业生态，这个很关键。

总而言之，商业模式领先是5G领先的关键，也是5G领先的标志，其他的领先标准都应排在后面。

5G时代电信运营商基本商业模式

关于基本商业模式，有三层含义：以电信运营商为出发点；讨论具有元商业模式的商业模式；为其他商业模式基于元商业模式的派生、演变、组合提供基础。

一般而言，有三种基本的商业模式：基于流量的商业模式、基于切片的商业模式、基于平台的商业模式。这三种基本商业模式并不适合所有运营商，尤其是基于平台的商业模式，只适合定位于数字化战略的运营商。

基于流量的商业模式

定义：基于流量的商业模式核心是寻求通过数据流量消费的增长，从而获得增长的一种模式。

流量消费增长曲线预期在5G时代再次陡峭。

思科在2019年发布了一份分析报告，预测单个设备评价数据流量将从2017年的2GB增长到2022年的11GB，5G的连接数将占到3.4%。

这一景象颇像从2G时代到3G时代的转变，2016年的时候中国用户户均流量还只有772MB，到了2018年年底，户均流量已经高到6.25GB。

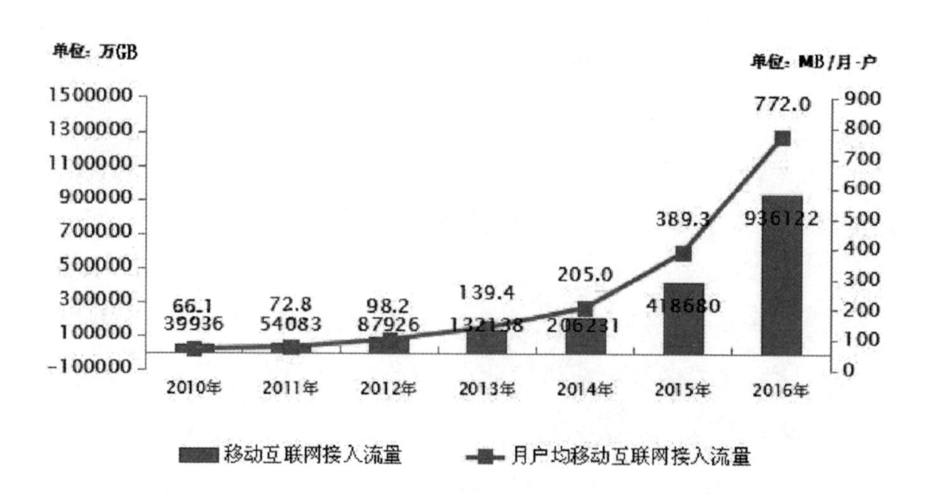

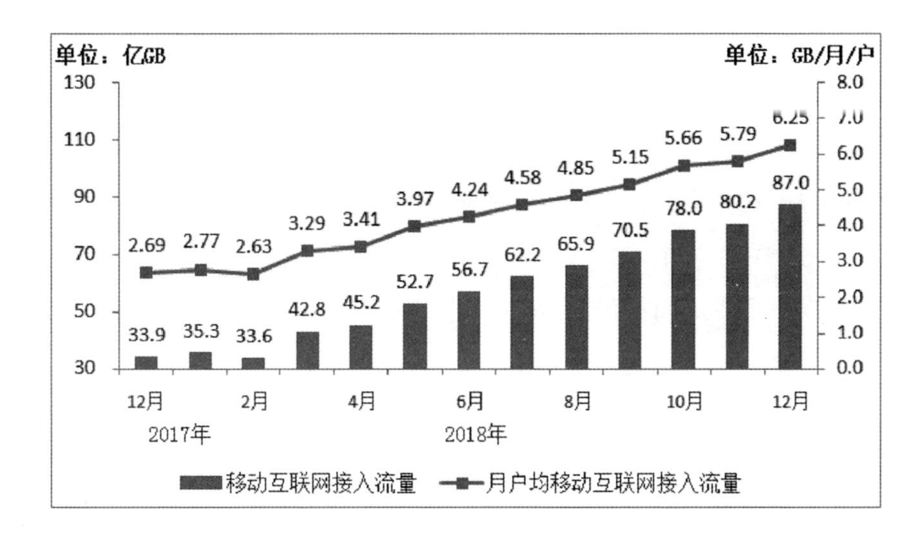

鉴于5G的带宽将以千兆（G）为单位，在5G时代，单个设备的流量消费曲线将会呈现直线跃升状态，我们可以大胆预测，5G用户综合设备累计月均100GB（DOU）的关口将在三年内到来。

基于流量的商业模式快速崩塌

自3G时代开始，基于流量的商业模式快速塌陷，重要表现就是电信行业量收剪刀差迅速不可逆地扩大。至少有三个因素加速了基于流量的商业模式崩塌：

1.基于巨大的语音经营的惯性，电信运营商无法摆脱思维定式，也无法预见基于流量的业务是一种完全与语音不同的新业务。尽管在3G时代末期，中国三大运营商都提出了流量经营的概念，并提到了战略高度，但是，由于对流量新物种认知不足，运营商毅然选择了基于使用量的定价模型。

2.同质化的战略导致并刺激了价格竞争，使得电信运营商在市场竞争中一开始就选择了价格战。由于在业务和服务方面缺乏创新，电信运营商不得不依靠价格战争夺新用户。尤其是在中国运营商的市场认知中，每一次移动通信技术的代际升级，都被视为实现市场地位根本性改变的千年机遇，其结果就是进攻者激进的市场策略遇上防守者更激进的市场策略，价格战就成为唯一的选项。

3.来自管理部门以及公众对流量降价的持续压力。自过去三十年以来，电信运营行业还未曾遭遇大规模亏损和增长停滞，这给了外界一种印象：电信运营行业的增长是永续的，就像房子，只会涨不会跌。电信运营行业是共享改革红利的排头兵，“降费”成为主要的管制目标。

5G早期流量商业模式将继续延续4G思维，同样，5G早期还将延续4G时代的流量商业模式：基于使用量的基本定价。

这样的话，有两个事实即将发生：

1.电信运营商寻求快速增加5G连接数，这需要更便宜的5G手机、更好的网络覆盖，以及大规模的终端补贴以降低门槛。这个故事在3G和4G时代都已经重复过。

2.电信运营商争夺视频内容资源：短视频、娱乐视频、体育视频、行业视频将成为电信运营商竞相角逐的资源。

如果电信运营商能够保持冷静和耐心，不要那么着急地“做多”5G市场，控制好节奏，或许可以避免网络竞赛和终端补贴大战。但是，这需要运营商有差异化的战略定位和对市场地位的容忍，以及把发展的重点从新用户增长转移到存量用户价值挖掘上来。

5G基于流量商业模式的变化

5G的流量如果从时间角度分，可以分为实时流量和非实时流量。比如在体育赛事直播中，其流量便具有实时性。在实时流量中，流量的价值应该参照内容时间的价值定价，而不应该按照使用量来定价。再进一步考虑到无线替代有线所带来的便利，流量的价值还应该比有线的方案高一点。

为什么这种流量模式只有到了5G才可以考虑呢？因为只有5G所具有的大带宽和高可靠性才能满足体育赛事这类实时流量传输的需求。此类行业还包括视频监控、交通监控、仓储监控等行业视频领域。

5G流量如果从可用性角度分，可以分为可靠流量和非可靠流量。比如在工业制造领域的控制，如果5G嵌入到生产工艺流程中，那么对流量的可靠性要求将占据第一位。这需要电信运营商在网络、设备、系统上提供高可用性的流量服务。在此场景下，流量的价值应该按照现有数据传输采集系统的建设和运维价值评估和定价。

有没有一种既海量又对可用性要求高的场景呢？毫无疑问，自动驾驶场景将是不二之选。车辆的行驶、车与车之间以及车与路之间，需要可靠性流量支持信号控制，也需要大数据量进行信息交换。在这种场景下，流量的价值应该按照所提供的安全可靠等级能力来评估。

当然，基于使用量的流量商业模式还会存在，但是，我认为这种模式应该只适合于小流量非实时的业务场景。

在讨论基于流量的元商业模式时，流量可以基于四个维度分类：用量、时间、空间、效用。可靠流量和非可靠流量是试图评价流量价值的视角划分，在这个划分中，大流量移动宽带业务和大规模物联网业务两种5G能力下的流量都可以归属为非可靠流量，超可靠、低时延通信能力下的流量可以归属为可靠流量。这一划分略显粗糙，尽管具有某种实用性，我认为还可以对流量从场景的角度进行细分。以实时可靠的流量为例进行分析示例，所谓“实时可靠流量”是指承载具有时效性价值内容的流量，主要服务于个人或者组织，需要实时洞察人、事、物正在发生时的场景。对于其他流量场景，也可以按照实时可靠流量的方法进行分解。

实时性/可靠性	实时流量	非实时流量
高可靠性	视频通话 体育赛事4K、8K直播 演唱会4K、8K直播 实战游戏 应急指挥 工业现场调度 工业控制机器人 工业生产控制 自动驾驶 移动支付	水表、气表、电表 视频监控 资产管理 车辆管理 消防栓 安全门 智能门锁 火灾监控
低可靠性	在线游戏 AR、VR、MR 消费类机器人 行业服务机器人	环境监测 自然灾害监测 人体健康监测 能耗管理 设施农业 精准种植 精准养殖

以上的讨论，是考虑到5G作为一种通用技术，在与各行业融合的情况中，应该如何进行流量的商业模式设计。

坚持按照使用量来计算流量价值将是双输的开始。管道作为工具，其价值在于其工具所提供解决问题的能力。如果电信运营商和用户之间不能就流量的价值达成一致，长期必将是双输的结局。

基于切片的商业模式

关于切片

在华为发布的《5G网络切片白皮书》中，网络切片的定义如下：网络切片是一系列技术的集合，这些技术能够产生特定/专有的逻辑网络并作为服务以支撑网络切片差异化，满足垂直行业的多样化需求。通过对功能、隔离机制、网络运行和维护服务进行灵活的定制设计，网络切片能够基于相同的基础设施提供逻辑专有网络。

理解切片有两个重点，一是特定专用，二是同一基础设施。

前一个是对垂直行业说的，甲行业的特定专用网络和乙行业的特定专用网络的不同多于相同甚至完全不相同；后一个是对电信运营商说的，一个通用网络、一次性投资，就可以包罗万象，满足垂直行业的差异化和多样性需求。

网络切片是移动通信行业对垂直行业的上帝视角。高德纳咨询公司的研究报告指出，5G的最大收入潜力将来源于网络切片的开发。

在切片商业模式中，电信运营商的关键业务是向各个垂直行业销售各种逻辑网络，即行业切片。按照业内的观点，5G切片应该具备可定制、可交付、可测量、可计费四大特性，GSMA在2017年的一份报告中指出：构成通信服务的所有组件，如通信带宽、专用处理能力、数据采集、安全模型等，都可以由5G网络切片的管理系统进行更改和配置。

这是一个非常诱人的场景：面对复杂多样的行业客户，切片为电信运营商提供了一把万能钥匙，可以为客户定制各种特定的“专属”网络，网络即服务（NaaS）。

三种切片供给方式

被业内人士广泛讨论的切片提供方式有三种：运营商托管应用、能力开放和与客户现有系统集成。

运营商托管应用，即由运营商整合行业知识、工具、资源，基于网络切片建立面向垂直行业的应用，卖切片的同时卖应用，这是一种一揽子解决方案的模式。由于切片赋予电信运营商更灵活的匹配细分垂直行业的专用网络构建能力，运营商可以为很多细分行业，尤其是许多中小企业创造许多基于切片的应用。

能力开放是一种电信运营商提供应用程序方程接口的方式，把切片的创建和运营权交给行业伙伴、开发者或者客户，这些伙伴基于切片整合行业知识、工具、资源，形成基于切片的应用。

与客户现有系统集成主要是满足大型客户的需要。此类客户拥有成熟、复杂、规模庞大的系统，尤其是自身业务流程复杂，需要电信运营商提供与这些系统对接的API，以便能完成切片与客户系统的融合。

正确理解切片：新的管道形态

笔者一位熟识的朋友，现定居于香港的资深业内人士周先生提到一个观点，我颇为赞同，该观点为：基于切片的商业模式本质上还是管道模式。他认为“5G基于切片，其实是从另一个角度来包装运营商的网络，可以说也是基于流量（基于不同业务的流量属性，如三大场景所述的切片模式）或者平台（只是基于不同业务流量属性的不同平台）”。

以前单纯地卖流量和语音，到了5G时代卖逻辑专网，本质上并没有发生变化，但是给电信运营商的组织和运营却带来了巨大的挑战。三种切片商业模式都需要电信运营商理解和掌握垂直行业一定程度的知识，并拥有相应的专业人才。这是一种与现有组织和运营截然不同的模式。比如，运营商需要完整地理解制造行业的生产工艺流程的细节，才能准确地交付制造切片。

周先生认为，这需要回到一个初始的问题，即“经过3G、4G的运营‘教训’（经验），运营商应该意识到，不管是基于切片还是流量（非使用量的这种无差异化方式）或者平台，他们均有同一诉求：运营商在此生态链中，究竟要如何定位自己，或者自己目前所具有的能力能否支撑此诉求”。他提醒电信运营商，纯粹“从技术使能的角度来看商业模式，那么，目前的5G商业模式还不成熟，至少等两到三年，即要到2021以后，再看可能性”，而电信运营商成为“更大更粗的管道命运”的可能性并非不存在。

基于平台的商业模式

平台商业模式的基本概念

国内学者王生金（2014）曾提出过一个非常清晰的概念：平台模式是一种通过构建多主体共享的商业生态系统，并且产生网络效应以实现多主体共赢的战略选择。

有三个关键信息在这个定义中：

一是多主体即多方共同参与，是一种多对多的关系。在这个多方主体之中，平台提供方居于主导地位。不过，这种主导应是生态游戏规则合理运营的主导，而不是商业利益分配权的主导。我们见过太多因为主导商业利益分配权而失败的平台。

二是构建和放大网络效应是平台模式的核心任务。网络效应对于电信行业并不陌生，平台模式能否成功取决于网络效应能否形成并稳固，而良性的网络效应应该是对多边用户中一边的经济激励取消之后还能继续维持网络效应的存在。

三是商业生态系统的形成是平台模式的目标。平台提供者必须意识到平台只是生态系统构建的一个工具，必须时刻注意整个生态系统才是最终目标。提供促进多边交易的工具，降低信息沟通的成本，打击危机生态稳定的系统性风险，提供资源促进生态的创新等内容才是生态构建者和运营者应该做的事情。

在王生金的研究中，平台模式下的价值传递是平台模式的关键与核心，主要是价值创造与价值实现之间不再具有必然联系，创造价值的主体并不一定获得商业利益，也就是说“价值创造与价值实现出现了分离”。在这种情况下，平台运营者极有可能要承担很多基础价值创造工具提供者的角色，并为此承担成本。

5G与平台商业模式的匹配性

为什么到了5G时代，平台商业模式变得至关重要了呢？这其中的逻辑并不复杂，我认为通过以下五点就可以理解清楚：

1.5G能够提供的大带宽、高密度、高可靠三种连接能力，均已不再是以满足人与人之间的连接需求为根本目标，这意味着5G将是面向“360”行业，“万物”的普遍服务。

2.5G将作为与电力一样的生产力要素与各个行业融合，各行业都会使用5G作为重构自己价值链结构的基本生产力工具。

3.尽管各个行业无可争议地对本行业的理解和知识拥有存量优势，但是，另一个毫无争议的事实则是传统行业自身并不拥有数字化所能带来的潜在价值的长远认知以及自身缺乏主动拥抱数字化的能力。

4.电信运营商自身并不拥有足够的行业知识细节，甚至完备性都很难说得上，那么，对电信运营商来说，以平台提供者的角色切入就是唯一的选择。

5.以平台切入，电信运营商在数字化产业中的整合优势将会体现得淋漓尽致。即使考虑到互联网公司，如BAT（百度、阿里巴巴、腾讯）；电信设备制造商，如华为；IT巨头，如微软、IBM。和这些公司的竞争，电信运营商的平台依然具有独特的竞争优势。

平台的独特性来源

客户的一体化运营是运营商平台的第一个，也是最重要的独特性来源，这一点非常重要。此前，电信运营商始终面临客户割据运营的状态，业务和产品都具有强烈的区域特色。到了移动互联网流量经营时代，这种客户割据运营的状态为互联网公司创造了分而治之的巨大便利，以至于同一个运营商内部也无法形成合力避免竞争。

到了5G时代，电信运营商应该清醒地认识和反思自己，客户的一体化运营才是最关键、最根本、最有力的竞争独特性来源。

如前所述，任何平台模式在启动之初都面临着一个巨大的问题，即在多边中的任意两边，一边的玩家能否为另一边的玩家提供足够多的用户，从而形成网络效应。在这一点上，电信运营商具有天生的网络效应基因，且不论中国移动的16亿连接规模，即使是中国电信和中国联通四五亿的连接规模，对电信运营商提供平台的多边玩家来说，都是无法放弃的诱惑。最关键的是，这个规模是现成的，这就意味着玩家直接连接、直接触达过亿规模的用户。

但最为关键的是，电信运营商要认识到，客户的一体化运营必须要实现。曾有中国移动高层提出电信运营商和行业客户互为客户的理念，这是一种面向5G和未来的理念，也是构建5G时代平台商业模式的关键所在。

电信运营商要意识到，在5G时代，如果5G作为通用技术，最大价值的资产已经不再是连接的能力，而是自己的客户资源。

第二个独特性来源则是电信运营商对网络的重资产投入和一体化管理能力。这是底层能力，是其他任何对手所不具有的。这一点不需要展开细说，但是，这种独特性是来自网络、用户以及数据的。

5G时代运营商平台模式的基本要素

连接、数据、关系，是电信运营商平台模式的三个基本要素，缺一不可。

第一个要素：连接。5G时代对连接的需求更加灵活和柔性，需满足各个行业复杂的连接需求，最终还是要依靠电信运营商。任何其他人都不具备这样的能力和资源，我想，行业客户最终会认识到这一点。

第二个要素：数据。电信运营商在底层逻辑获取的数据具有元数据的特性。

第三个要素：关系。电信运营商对人与人、人与物、物与物之间的关系具有潜在的掌控能力。随着人工智能的到来，这种潜在的挖掘能力是构建多边平台网络效应的核心竞争力。

从业务视角的分析来看，以上是平台模式的基本要素。但这显然不够，还需要有三个基本要素：

第一，资本要素。在5G时代的平台必须具备金融属性，这已经是标配，互联网公司，如BAT的玩法已证明是一种成功的模式。

第二，工具要素。即创造价值却并不实现价值的工具。

第三，人工智能要素。与5G相同，人工智能也将成为通用技术。

以上是对电信运营商在5G时代基于平台的商业模式的分析。至此，关于5G的基本商业模式分析已经全部分析完毕，新的商业模式的创新在5G时代至关重要。可以说，没有有价值的商业模式，5G终将枯萎。

平台作为5G的杀手应用

什么是5G的杀手应用？

目前可以得到的已知答案有很多，比如8K高清视频、工业互联网、自动驾驶汽车、体育赛事直播、AR、VR等。同时，目前业内也有另一个观点，即平台（Platform）是5G的杀手应用。平台服务（Platform as a Service）被视为5G杀手应用的观点是站在运营商（CPS）的视角来看的。与8K高清视频被视为杀手应用的本质不同，这些具体的应用与最终用户有关，且过去电信运营商奋斗的失败经验表明，那并不是电信运营商所擅长的领域。

平台战略在互联网发展的历史上举足轻重。目前的互联网巨头几乎都是依靠平台战略取得了成功，比如谷歌、腾讯、亚马逊、阿里巴巴、京东、脸书，即使目前互联网垄断巨头一开始不是平台，也大多演进为平台的提供者。

在提供数字化服务上，平台服务拥有绝对性的竞争优势。原因之一在于数字化服务的虚拟化特性，数字化服务的种类可以不受限制地变形，以至在生产者和消费者之间产生了巨大的交易成本，平台应运而生。作为一种中间服务商，降低了生产者和消费者之间的交易成本，所以，互联网领域的平台一经产生，就具有吞噬一切的特性，并只能作为唯一的垄断者存在。

平台服务对于5G运营商的吸引力在于，5G时代同时也是一个数字化和数字经济的时代，5G技术的出现就是为了推动各个行业的数字化，同时从这种数字化中受益。如果互联网数字化服务的范式持续有效，显然，平台服务对电信运营商来说，有着致命的吸引力。

那么，何谓平台战略？一份名为《5G：平台是杀手级用例吗？》的研究报告指出，平台战略可以有两个关键要素：建立数字生态系统或将消费者与商品和/或服务生产者（如亚马逊市场）连接起来的市场的平台商业模式；基于平台的IT架构，支持电子市场并促进数字业务模式（如亚马逊Web服务）。

如果对这个观点略做修正，我觉得它可能更适合电信运营商，平台战略即是一种以连接生产者和消费者为目标，提供双边或者多边服务的数字化生态市场。

其实我们可以看到，5G在关键的技术选择上，已经为电信运营商发展平台服务做了充足准备，比如，更灵活的新空口、NFV、SDN、网络编排技术、网络切片，从本质上都是为了更柔性地适应业务的变化和需求。

平台服务作为电信运营商5G的杀手应用，至少在商业上是正确的。

纵观移动通信的发展历史，电信运营商已经习惯的模式是“建好网络，一切都会好起来”，专注提高网络质量，利润和用户就会滚滚而来。即使到了4G时代，这个规律还是基本有效的。但是，5G的不同之处在于，作为一种试图与各个行业融合的通用技术，推动5G创新和应用发展的主角将不再只是电信运营商，还有来自传统行业的玩家，尤其是传统行业的巨头。

那么，对电信运营商来说，如果能够扼守住平台，就有机会深度参与到传统行业的数字化进程中，学习和掌握这些行业的领域知识，并基于这些知识进行业务创新。

业内有观点认为，在物联网领域，管道价值和平台价值的比例都比较小，价值最大的部分是应用。我认为这个逻辑也适用于5G。因此，发展平台服务，目的是在数字化业务创新中拥有护城河优势。

引用一位沃达丰（Vodafone）高管的观点，电信运营商“需要停止将网络视为提供连接，并将其视为我们可以构建实际应用程序的平台”。

平台服务对电信运营商来说是一个巨大的挑战。

一是现有的互联网巨头和传统行业巨头已经有了很多平台。他们已运营多年，积累了丰富的经验和数据，在生态圈上也有自己的优势。如果租用5G的网络切片，他们可以很快地将自己的平台嫁接到5G上。

二是过去多年时间里，电信运营商在传统行业领域介入的深度不足，在行业知识领域并不具有优势。

但是，这并不代表平台服务就不能成为运营商5G杀手应用的选项。

如果运营商真正地把5G视为一种生态，就应该以真正开放的姿态与行业伙伴联合起来，将自己在通信技术和运营上的优势与行业伙伴的领域知识和工具相结合，共同构建和设计面向行业的平台服务。

如果行业伙伴不能与电信运营商抓住这个时间窗口获得发展机会，我想可能运营商就只能沦为管道了。未来除了卖网络切片和带宽就没什么其他剩余价值了。

当前，电信运营商面向5G还有两个问题值得思考：

一是电信运营商到底应该开发什么样的生态合作工具，而不只是所谓的能力开发平台。在这一点上，其实微信是特别值得电信运营商学习和研究的标杆。

二是平台商业模式应该如何构建，并将提供何种工具和标准来支撑商业模式的实现。电信运营行业本身的商业模式太简单了，而5G的平台服务由于涉及各种行业，必然是不同的，也是复杂的。支持商业模式落地的工具和标准将决定平台服务的吸引力。

5G在行业市场如何成功

5G时代必然有许多新玩家进入电信运营行业，这是电信运营商们不得不正视的基本趋势。自2019年6月6日之后，有几件事情对此形成佐证，一件事情是中国广电获得了5G牌照，电信运营行业的基本格局变成“三大一新”；另一件事情是中信网络获得新的基础电信业务牌照，获准从事互联网国内数据传输业务。

这两件事情放在一起看非常有意思。如果你能够注意到中信国安持有多家地方广电股权（河北、河南、安徽、湖南长沙、山东威海广电以及中广移动等）的事实，合理的推测便是中信网络在基础电信业务的布局，隐含着其与广电5G发生关系的底层逻辑可能性。

众所周知，行业市场是5G的主战场。中国三大运营商力促SA架构，也是看中了未来行业市场的商机。行业市场的理想很丰满，现实却很骨感，原因之一在于，对5G而言，其提供的“连接”服务，虽然是刚需，但直接创造价值的能力却很低。这有点像自来水，虽然每个家庭都必须有自来水，但是自来水水费在整个家庭的支出结构却只占很小的一部分。

也就是说，刚需与商业利润并没有直接关系。

如果想短时间内扭转这种局面，我觉得是很难的。难就难在运营商只身一人难以扭转行业客户的观念，比如，在每年的年度预算中，为购买连接、计算服务，列支的成本规模不大可能会因为5G来了就大幅度增加，况且，行业客户还需要有一个对5G认识的过程。

所以，电信行业需要找到一个合适的切口切进去。

关于如何找这个切口，我的观点是，大部分新产品或新技术的成功，都是替代某个老产品或老技术，而不是依靠新功能、新技术创造一个全新的市场。

我本来想用“任何”这两个字，后来想想有点绝对，还是作罢。但是大部分产品或技术的成功均是如此，我们可以列上一个长长的名单：

苹果智能手机替代了诺基亚的功能机。

手机替换了相机、MP3、收音机。

餐巾纸替换了手帕。

瓶装水、热水壶替换了暖壶。

移动通信替换了固网通信，2G替代1G，4G替代3G。

零售百货大卖场替代分散专业零售市场，电子商务又替代了零售百货。

亚马逊替代传统出版业，顺丰、“四通一达”替代邮政。

每一个新生意的发达，都是踩着旧生意上位的。

从商业逻辑上看，这是必然的，因为任何产业在给定的时间之内，其预算成本结构不可能瞬时发生迁移。新产品、新技术也有一个自身价值不断被认知和接受的过程。

5G目前在行业市场很热闹。不过这种热闹可能会带人走入一个误区：一个新事物去找另一个新事物，两个新事物需要培育市场，培育市场的成本和难度可想而知。至于具体例子，比如5G智能机器人、5G 360度直播、5G智能工厂等，都属于上述情况。

那么，5G切入行业市场取得突破的切口在哪里呢？

如果考虑到5G能力上越来越像有线，越来越像光纤，那么，自然的逻辑还是无线对有线的替代、移动对固定的替代，只不过移步换景，这次替代的不是人与人之间的电话线，而是物与物之间、设备与设备之间和设备内不同部件之间的有线网络。当然，这种替代需要一个过程，最艰难的地方在于5G需要向用户和客户证明，5G比有线还可靠、还稳定。

考虑到5G三大技术特性所描绘的场景，那么，另一个自然的逻辑是公共通信网络替代专用通信网络。专用网络大多分布在各个行业，比如电力、铁路、煤炭、制造、船舶、交通、教育、政务等。这些专网形成一个个自循环，在公众通信网络之外，无法为电信运营行业做贡献。这部分市场自然也应该是5G切入替代的市场。

从长远来看，5G带来的替代效应还有计算。目前，我们看得到的是计算将向边缘和云端迁移。计算经历了多次轮回，从本地计算开始，经历了小型机、大型机，再到集群服务器。随着网络技术的进步，开始出现云计算技术，不过，出于安全以及网络技术的考虑，市场依然需要本地计算。到了5G时代，新的名词出现，即边缘计算，中心思维还是希望能够替代客户放在本地的计算能力。5G或许真的不同，一是在连接大量设备之后，海量数据需要存储和计算，的确不一定是本地计算能够搞定的；二是大带宽能力也具备了计算向云和边缘迁移的基础。

以上是关于5G在行业市场成功的部分分析与探讨。行业市场是一个蓝海，也是一个红海，5G的成功需要突破很多，尤其是游戏规则。此为后话，不过我认为“替代理论”将是保障5G成功的关键，对电信运营行业来说，放弃以新求新的思维是正确的选择。

构建封闭的商业生态平台

什么样的公司将更有竞争优势?

我的答案是：一个拥有封闭生态系统的公司将比拥有开放生态系统的公司更能够在激烈的市场竞争中获得生存和发展优势。

这个答案我思考了很久，也对一些商业案例做了一些粗浅的了解，越是了解更多案例，越是坚定我的观点的正确性，即封闭系统比开放系统更有竞争优势。

我们先来列举几个案例：

苹果公司和谷歌公司是在手机操作系统领域封闭系统优于开放系统的典型。这两个公司采取了完全不同的策略。苹果通过操作系统、应用程序商店、苹果手机、iTunes形成了一个软硬件一体化的封闭系统。在这个系统内，苹果掌控规则、执行规则，并且独断专行，任何不按照苹果规则参加游戏的人都会被拒之门外。谷歌则不同，它采取了一个开放的模式，手机硬件、应用商店、操作系统，几乎与手机有关的任何一部分都可以被改变，三星、华为、小米等一众手机厂商都成了这个生态系统中的一员，但他们也各行其是，不完全受谷歌控制。

苹果是一只老虎，占山为王；谷歌带领一众小伙伴是群狼。但现实则是苹果占据了整个手机市场利润的绝大部分，只留下了为数不多的利润分给为数众多的安卓手机厂商，少得可怜。这是封闭系统在商业上比开放系统更有效率的例证。

而在操作系统领域的失败者微软，则是在封闭系统和开放系统上采取骑墙策略，犹豫不决导致失败的最佳案例。早期与HTC合作生产硬件，但是在软件上又沿用传统思路对操作系统软件和应用软件进行严格控制，生态始终没有发展起来。后来收购诺基亚，当所有人都期望微软能够自己生产软件硬件一体化的智能手机时，微软却在两年之后把诺基亚转手他人。骑墙是其失败的原因之一。

另一个依靠封闭系统迅速强大起来的案例是京东。京东从诞生之日起，其主要的电商运营模式就是自采自购然后再转售给消费者，由于自己采购，所以，京东开始喊出的口号是：正品保证。当所有人都认为电商主要是流量、商家规模、商品规模的时候，京东开始大规模地投资建设物流，推行“211体验”（京东“211限时达”就是当日上午11：00前提交的现货订单，当时送达；当日23：00前提交的现货订单，次日15：00前送达——编者注），很多人没有看懂，京东实际上是在构建一个封闭系统。在电商行业把上下游产业合作的模式转型为把物流环节内化为自己企业价值链的一部分。结果显而易见，京东因为封闭系统获得了竞争优势，在电商领域异军突起，最终成为中国两大巨头之一。与其他电商系统不同的是，京东本身是一个封闭的系统，它将关键产业价值链环节内化为企业价值链，物流系统就相当于电商领域的操作系统。

小米公司在2017年年底时宣布自己成为主要的物联网平台公司之一，这令很多人都很惊讶，他们无法理解为何小米会在物联网领域突然爆发。然而，在我看来，小米在未来可能会成为消费电子领域的全球最大物联网平台之一。原因之一就是小米本质上也是一个封闭系统的公司。小米网是互联网最大的流量平台之一，小米控制了用户的价值入口，通过资本运作构建了小米生态链。小米在产品定义、用户体验、销售、人力资源等各方面构建了封闭系统。在这个封闭系统中，小米实现了对产品、渠道、用户、价值分配的强力控制，建立起了自己的规则王国。在这样的情况下，任何进入小米生态的人都必须遵循小米的规则。封闭系统是小米在智能硬件领域爆发的有力支持之一。

其实，封闭系统并不是新鲜事物。在传统行业里，大部分公司最开始都采取了封闭系统，比如福特公司的汽车制造。早期福特公司汽车制造的每个环节都由自己负责，只不过后来的经济学发展理论笃信分工和专业化，迷恋分工和专业化能够带来经济效率，以大公司为代表，开始把许多所谓的非核心企业价值链环节外包给第三方公司。

不得不承认，分工和专业化的确带来了经济繁荣和效率提升，与全球化的进程基本相伴相生。封闭系统之所以难以构建，是因为对大部分公司来说，企业价值链内部管理的成本太高。为了降低交易成本，它们不得不采取开放系统，以开放的名义与外部伙伴形成商业关系。

但是，苹果公司证明了封闭系统如果管理和控制得当，其效率和对价值链价值的获取能力远优于开放系统。在我看来，主要是通信技术和互联网的发展大大地降低了信息、资本、物流的交易成本。如果管理得当、流程设计精妙，技术进步会使内部交易成本比开放生态系统中多个公司之间以市场化的合作方式产生的交易成本低得多。这主要是因为企业内部行政管理是在精英设计和主导下的运作模式。在企业价值链中，不同环节沟通、谈判、寻找信息和分配价值的效率都远低于开放系统。

在这种情况下，封闭系统能够对市场的变化做出更快的反应。

另一个更有意思的现象则是封闭系统可以迅速借鉴开放系统。因为竞争带来的创新成为创新的收割者和集大成者，比如苹果公司在手机领域的创新，很多是来自安卓阵营的领先创新。而作为收割者，苹果对创新的改进和品质控制远比安卓阵营手机厂商好。

在我看来，很多人迷信开放的生态系统，其实是在掩盖自己对新领域或者跨界领域的无知，是一种消除不确定性的无奈选择。所以，当你听到某个巨头说自己更欢迎开放的生态系统，更愿意与合作伙伴共同开发市场时，一般有两种情况：一是这个市场存在较大风险，失败概率较高；二是巨头自己没有足够资源投入。如果自己想清楚了，其实每个人都想自己控制每个环节，资本如果能够自己赚到每一分钱，为什么要分给其他人？

开放生态系统还存在一个致命风险，就是创新的不确定性带来的系统性危害。由于无法控制创新的方向和节奏，开放系统的创新者极有可能会带来颠覆性的破坏力量。还是以安卓系统为例，目前安卓的版本在全球已经基本失控，安全问题丛生。每个手机厂商都是自成体系的系统，对整个系统的熵耗散造成不可逆转的损害。

5G的商业时代将是封闭生态系统成为主流和占据优势竞争地位的时代，只需要考虑三个因素：商业决策在人工智能的辅助之下，精英决策和行政管理将比市场合约更有效率；互联网、5G、物联网、大数据等技术进步导致交易成本不再存在企业和市场的区别。人性的自然属性是自己掌控一切，人如此，商业组织更如此。

弯道加速，万物互联

基于专网的业务创新活动

专网将是，也应该是电信运营商向市场提供的一种主要的、具有5G特性的新业务，甚至可以说是唯一重要的，还具有电信运营商传统属性的业务。在工业互联网、车联网、公共安全、能源、航空运输等领域，5G专网将是主要的应用市场。

电信运营商需要把专网视为一个独立的业务或者产品纳入运营体系。就5G专网的创新而言，可以参照以下指引：

申请或者分配专用的专网频段。电信运营商最佳策略当然是向主管部门申请专用频段作为5G专网的专用频段，次佳策略则是在行业主管部门分配的5G频段中分配专用频段。专用频段可以具备更好的安全性、更少的干扰、更简单的运营、更灵活的商业模式。电信运营商既可以向客户提供托管的5G专网整套解决方案，也可以只提供频段租赁，由客户自行建设和运营5G专网。

提供全栈5G专网解决方案。全栈5G专网解决方案至少要包括5G基站、接入网、传输网、5G核心网，以及与运营商公众通信网络互联互通的网关系统，即为客户建设一个独立运营的5G专网。全网5G专网解决方案还要包括设计、规划、建设、运维。在实际意义上，部署5G全栈专网解决方案的客户是一个区域的本地运营商或者一个行业的垂直领域运营商。

共享单元	基站	接入网	核心网	频谱	是否接入公众通信网络
Type1	专用	专用	专用	专用	否
Type2	专用	专用	专用	专用	是
Type3	专用	专用	专用	公用	否
Type4	专用	专用	专用	公用	是

提供核心网共享的5G专网解决方案。核心网共享5G专网解决方案是指与客户共享5G核心网，客户自建的基站、接入网、传输网使用运营商提供的5G核心网功能。至少我们可以识别以下四种共享模式：

共享单元	基站	接入网	核心网	频谱	是否接入公众通信网络
Type5	专用	专用	共享控制面功能	专用	否
Type6	专用	专用	共享控制面功能	专用	是
Type7	专用	专用	共享业务面功能	公用	否
Type8	专用	专用	共享业务面功能	公用	是

提供全栈共享的5G专网解决方案。全栈共享是指电信运营商的

5G专网完全构建在公众通信网络的物理资源之上，通过网络切片技术、NFV技术、SDN技术，构建一个运行在公众通信网络之上，逻辑上独立隔离的网络。

共享单元	基站	接入网	核心网	频谱	是否接入公众通信网络
Type9	共用	共用	共用	专用	是
Type10	共用	共用	共用	共用	是

联合垂直行业的客户或者咨询、设计机构进行专网设计。在专网设计上，电信运营商需要联合垂直行业的客户或者咨询公司、设计院等进行设计，系统地研究行业客户对5G专网的需求，包括速率、带宽、时延、安全策略，以及运营需求、运营策略、应用场景、运维保障需求。

提供灵活的5G专网商业模式。在商业模式上，电信运营商可以提供全栈专用的5G专网、核心网托管的5G专网、全栈共享的5G专网，以满足不同成本特性、不同行业特性的细分市场需求。

以专网为基础，向客户提供网络切片业务。基于5G网络切片能力，通过提供网络切片的设计、运维工具，向客户提供更灵活的网络服务。这其中成功的关键是能够向客户提供自动化的设计、运维工具，以降低客户的学习成本。

提供云网一体的解决方案。电信运营商需要把连接、计算、智能看作一体，在提供5G专网的同时，与云计算、边缘计算的技术和产品融合提供一揽子的解决方案。这需要电信运营商在5G专网的设计和运营时，建构在云之上。

基于切片的业务创新活动

网络切片与专网一样，都是在5G时代电信运营商满足更加丰富的场景需要的技术，通过共享网络资源，运营商可以以低成本的、灵活的方式满足市场需求。3GPP标准化组织预留了一个8位的字节，用来定义切片的类型。

通过网络切片技术进行业务创新，如果从价值角度进行分析，可以遵循以下的指引：

提供自动化的网络切片工具。电信运营商需要在网络切片的设计、运营、维护方面尽可能地以自动化工具的方法向客户提供服务，以帮助客户按照自己的实际业务需求定制自己的切片。这些工具还应该包括安全策略管理工具、网络质量管理工具以及网络切片的生命周期管理工具。

提供网络切片的开放接口。开放接口API对网络切片的服务来说至关重要，通过开放接口，网络切片与客户的业务系统无缝融合，成为客户业务系统的一部分。我们无法想象一个没有API接口的网络切片。

构建网络切片的开发者社区。电信运营商可以通过对开发者提供技术培训、物理资源、社区论坛、举办大赛、提供认证等活动，建立网络切片开发者社区，通过与各个行业的开发者联合，开展网络切片创新，由开发者弥补电信运营商领域知识的不足。

提供网络切片的商店。建立网络切片的商店对切片的开发、测试、上架、分发、订购、定价、下架进行全生命周期的管理，建立一个与苹果应用程序商店类似的切片运营系统，帮助网络切片开发者与客户之间建立连接，实现商业价值的共享和创造。

我认为切片市场将是一个开发者支持的创新市场，电信运营商需要吸引大量的开发者来弥补自身在专业的领域和业务活动中知识的不足。

应用领域	切片	商业价值
工业制造	TSN切片	满足时间敏感的连接需求
交通运输	车联网切片	满足自动驾驶场景连接需求
娱乐媒体	新闻直播切片 实时竞技网络游戏切片 体育赛事直播切片	满足高清、实时、互动的连接需求
医疗	医院切片 医疗专网	满足安全隐私连接需求
教育	远程教育切片	满足高清、实时、互动的连接需求
政务	政务办公切片	满足安全隐私连接需求
公共安全	应急响应切片	满足公安、消防、应急指挥、救援等高清、实时、互动的连接需求

基于运营的业务创新活动

对电信运营商来说，运营能力将是5G时代成长为差异化竞争优势的要素。不过，在讨论基于运营的业务创新之前，我们需要对“运营”有一个相对清晰的定义。

互动百科对“运营”词条的定义如下：运营就是对运营过程的计划、组织、实施和控制，是与产品生产和服务创造密切相关的各项管理工作的总称。从另一个角度来讲，运营管理也可以指为对生产和提供公司主要产品和服务的系统进行设计、运行、评价和改进的管理工作。

我们可以看出，运营是一个过程，也是一份管理工作，是需要把一系列产品和服务按照某种规则和逻辑组织起来，以达成某种目的和任务的工作。这种工作具有时间尺度上的持续性，同时具有空间尺度上的连续性。

在实际的经济和社会运行中，有很多属于“运营”性质的公司：城市的出租车公司在城市空间中为城市提供不间断的运输服务；电力公司在全国范围内为城乡及各行业提供不间断的电力供应服务；燃气公司为城市居民和企业提供不间断的天然气供气服务；阿里巴巴的云计算为很多中小企业提供不间断的计算服务。电信运营商则是提供时间和空间双重不间断、可持续的通信服务。

对电信运营商来说，成功的发展经验表明，凡是注重运营的业务都获得成功；凡是只关注产品功能，没有重视运营业务的大都表现平平。而近几年出现了一个不好的趋势：全球的电信运营商因对运营严重忽视，失去了面对行业变化和竞争对手跨界竞争的应对能力，以致有点惊慌失措。

这种局面到了5G时代，如果电信运营商依然不把运营视为核心能力，则可能陷入更大的被动。逻辑很简单，5G的技术特征决定了更多玩家和巨头会以跨界的方式进入新的产业领域，单纯比拼产品，运营商的胜算并不大。

那么，基于运营的创新，电信运营商需要遵循哪些指引呢？

开展纵向一体化的运营服务。电信运营商可以基于已有的运营优势，通过纵向一体化方式扩大运营的边界。这其中可以清晰识别具备纵向一体化运营边界扩展的活动包括：

1.从通信运营服务，向通信、云计算、边缘计算融合的云网一体化运营服务扩展。就像本书多次提及的观点，计算与通信的无缝融合，为电信运营商扩展通信运营服务、为计算与连接融合服务创造了机会。虽然目前国内的电信运营商开始提及“云网”融合，但是在本质上还没有真正地把计算服务也看作最重要的运营内容。这需要电信运营商对标主流云计算厂商的产品运营体系和能力，构建与网络运营融为一体的新运营能力。

2.专网运营服务。利用在公众通信网络运营的经验、人员和知识优势，延伸到专网运营服务，向行业客户提供网络运营端到端的解决方案。

3.切片运营服务。提供托管的切片运营服务。

4.数据运营服务。提供数据的归集、分析、隐私策略、安全以及基于行业客户数据的业务创新、产品开发的支持服务。

5.安全运营服务。依托自身安全运营经验，向系统级的安全服务拓展，为客户提供安全运营服务。至少应该包括网络安全、数据安全、系统安全以及安全规划、隐私咨询、合规咨询等服务内容。

6.人工智能算力网络运营。人工智能将作为一种普遍存在的资源运用到各行各业的产品和服务中，那么，电信运营商可以把人工智能的能力与网络和计算能力融合，提供计算、连接、智能三位一体的服务，这需要电信运营商部署人工智能的算力网络，并提供持续的运营服务。

开展横向一体化的运营服务。横向运营主要是指电信运营商把平台作为核心应用，通过整合生态伙伴的能力优势，跨界到其他行业领域提供的与该行业的知识、规则密切相关的，且能够满足该行业直接需求的运营服务。

建立行业平台。参考互联网的平台发展历史，垂直行业的数字化过程就是新的平台建设和重构行业的过程。电信运营商可以通过聚合资源（数据资源、用户资源、供应商资源）、创新服务（降低交易成本、提供信息入口）、提供信任服务（提供安全保障、信用双边担保、交易风险管控）三种方式建立行业平台。同时，电信运营商需要围绕平台建立一套运营系统。这条系统需要以为平台的多边参与者提供便利为核心。在互联网领域成功的平台的使命大都很简单，并且持之以恒地围绕简单的使命布局产品服务，这是电信运营商在建立行业平台时所需要注意的。

在竞争分散的产业领域布局运营服务。竞争分散的产业是指参与的厂商数量众多，其产品的同质性和可替代性较强，比如服装生产和销售、农业种植业、养殖业、园区、社区等领域，电信运营可以利用集中优势，为竞争分散的产业领域提供平台服务。

建立自身的运营能力。电信运营商需要以客户的目标为目标来构建自己的运营能力，包括计划、组织、实施、运营、评价、管理等能力。这些能力不是以服务于电信运营商自己的产品销售为目标的，而是以解决客户的任务为目标的。电信运营商的产品和服务只是完成客户任务的资源要素之一。或许电信运营商应该设置一个专门的负责客户的业务运营赋能和支撑，把客户服务部门变成客户运营部门。

推动运营服务的标准化。电信运营商需要协同各个行业的伙伴，共同推动运营服务的标准化，包括运营的目标、内容、过程、评价标准等，这些都可以被纳入运营标准化的框架之内。

基于平台的业务创新活动

我们首先需要对平台再进行一个框架性的讨论。

从经济学的角度理解，平台本质上是一个由多方参与，按照一定技术、商业规则存在的交易市场，平台具有生态系统、多样性和复杂性的特质。

有学者提出平台商业模式与传统商业模式的区别：传统商业模式的交易是线性的和双边的。生产者核心的竞争策略是“做到更好”（Do Better），从而获取稀缺资源，并尽可能维持资源稀缺性在更长的时间和更广阔的空间存续；平台商业模式交易是三角的和多边的，平台运营者核心的竞争策略是“敢做不同”（Do Different），因此，获取稀缺资源不再是平台运营者的核心工作，用户资源成为平台核心资源，平台运营者主要通过扩大和维持多边市场中用户的基数，避免用户流失造成生态塌陷、枯萎，从而获得竞争优势。

那么，对电信运营商来说，在5G时代提供基于平台的创新活动可以参考以下指引：

平台必须具备“连接”能力。成功的平台均围绕连接价值提供产品服务。连接可以理解为平台的多边参与者提供“联系、交易”便利的能力，比如，微信提供的社交连接能力，为人与人之间的沟通联系提供了远超其他产品的便利。

平台设计需要既能够满足平台多方频繁联系，又能支持一个或

者多个的高频场景。由于行业不同，高频场景的识别需要按照行业的情况进行区分，比如在教育行业，教师的备课是一个高频场景，老师和家长的沟通也是一个高频场景，几乎每天都在大量发生。平台的构建必须以围绕平台的参与多方之间的高频场景为核心来进行功能和流程的设计。

平台的设计需要满足能力差异化和要素差异化的要求。电信运营商的平台从能力上需要把5G的新能力，比如MEC、定位、低时延等全新的网络能力作为基础性的差异化能力。同时还要考虑运营能力和客户服务能力。在要素差异化上，电信运营商在网络资源、计算资源、资本、数据等方面是构建差异化竞争优势的来源。

平台的运营能力决定平台模式的成本。平台的核心不在于功能，而在于在满足平台参与者的联系和交易方面的能力，这需要强大的运营能力，通过建立规则、执行规则，帮助平台参与者降低联系成本，需要平台运营者持续不断地投入人力和物力资源。

平台对行业领域知识的汲取能力。行业知识的汲取能力对平台的发展至关重要。电信运营商在平台的构建和运营过程中，需要建立一套体系来实现对行业知识的汇聚、整合、分享和价值创造。运营商可以通过收购行业领域的软件开发商、建立社区、与客户共同创新、联合行业的科研院所、与行业领域的专家讨论等方式达到这个目标。

平台的价值创造能力。天下事，为利往，为利散。一个不能创造价值的平台终将是冬天的枯木，看不到来年的春天。在价值创造方面，平台具备的功能可以分为以下四个类型：

1.降低交易成本。此类功能以为交易双方提供信息搜索、决策支持、价格信号、产品质量信号为主。

2.提高交易效率。此类功能以为交易双方提供商品库存、物流、资金周转等为主。

3.降低交易风险。此类功能以为交易双方提供质量信号、谈判沟通的渠道、交易资金担保、风险交易提醒以及违约处罚规则为主。

4.创造价值。平台的此类功能以为交易双方提供广告系统、收入分成机制、价差、担保、支付、中介服务等，这些都是平台获得收入的主要来源。在这一点上，电信运营商所创建的平台需要遵循这些基本模式。电信运营商需要系统地审视其平台的功能开发活动和运营活动是否能够满足价值创造的能力。

基于数据的业务创新活动

数据已经被纳入可以参与分配的要素。电信运营商以数据为基础开展业务创新的活动将成为未来主要的有价值的企业经营活动之一。

对电信运营商来说，在基于数据开展创新活动时面临合规性的客观约束，这些约束会影响数据的应用范围、方式，服务的对象，面临的风险，遵从合规性基础上的业务创新是电信运营商开展业务创新活动的前提。

以数据为基础开展业务创新，电信运营商可以遵从以下指引：

研究数据资源的分配模式。数据与土地一样，已经成为核心生产要素，那么，电信运营商需要系统地研究数据作为一种要素是如何产生、流动、管理、分配的；需要搞清楚谁拥有数据，谁监管数据，谁会使用数据并为此应该支付什么样的成本，尤其是数据的交换交易机制是什么。也就是说，需要研究数据资源的价值规律。

以数据为基础提供降低风险的业务创新。如果世界是确定的，并且有且是唯一的正确答案，那么数据的价值就在于帮助人们发现可能偏离的航向和可能存在的暗礁。以数据为基础，向市场提供风险管理的业务需求是普遍的，这些风险既包括市场交易风险，也包括个人生活决策的风险。如果向人们提供极可能完备的、实时的数据分析决策支持，这样的业务将具有广阔的市场空间。

投资或者收购数据相关厂商。至少有三类数据相关提供者是有价值的，它们分别是：拥有数据资源的提供者、数据分析研究工具的提供者以及在垂直行业领域能够把数据与行业经验融合的提供者。电信运营商可以通过投资、收购的方式实现快速布局。

建立数据银行。电信运营商需要考虑建立数据银行，实现自身与各行业数据服务的交易。一是汇聚自身的数据资源；二是系统地、有步骤地、有计划地、分阶段地、分层次地汇聚各行各业的数据资源。当客户向数据银行存储数据的时候，所享受的是数据银行提供的新数据服务。我认为，数据银行的规模和运营决定5G时代电信运营商转型的成败。

对数据资源进行横向和纵向整合。从空间角度来看，我们可以把数据分为物理空间数据、自然空间数据、社会空间数据、经济空间数据。电信运营商可以运用5G的大连接能力和数字孪生技术、实时定位能力，通过纵向整合应用、平台、网络、终端、传感器的数据，横向整合政务、金融、互联网、交通三大核心行业数据，完成数字资源护城河的构建。

基于数据提供规划、运营、决策支持。在城市规划、产业规划以及教育、医疗、交通资源的配置和规划中，提供基于数据的分析和支持，实现“数据理性”的科学决策。

打造垂直行业的数据平台。在垂直行业通过数据、行业知识、行业流程为垂直行业提供数据平台。比如政务大数据平台、工业互联网数据平台。只不过，这样的平台重点是行业知识和行业流程。

提供实时的数据分析。在体育赛事、工业制造、生产决策、管理决策、交通驾驶等行业活动中，利用5G的新能力，提供实时的对所观看、所管理、所监测、所使用的运动员、仪器设备、工厂生产线、驾驶车辆进行数据分析。这些都是十分有价值的。

提供全景式的数据分析。提供不同事物、人、事件在空间和事件的关联性分析服务，提供一种具有鸟瞰视角的分析服务，帮助用户发现事情之间的逻辑、因果、时序关系。

基于场景的业务创新活动

场景具有三个基本特征：

1.具有空间属性。由有边界的物理空间或者网络空间或者二者融合组成。

2.具有时间序列性。在时间上必须具有可持续性，是一个时间段，有开始和结束的明显标志。

3.由一组活动组成。这组活动是以一定的逻辑，按照时间先后在空间上有序分布，以完成某个目标为指向的。

也就是说，场景是由“人、事、场”三个基本要素组成。

假设办公室是一个场景。在这个场景中，从上下班时间开始，在固定的地点，办公室的工作人员按照组织要求执行规定任务。又假设体育场是一个场景。在这个场景中，球队在一定时间里，在明确的空间范围内按照运动规则完成赛事，观众按照规则完成赛事观看。

在5G时代，电信运营商的业务创新活动，基于场景应该成为其主要的出发点。电信运营商可以遵循以下的指引：

以个人活动为核心的场景业务。个人活动可以按照空间尺度、事件维度以及人的生命周期阶段，识别划分场景。比如家长送小学生上学、自驾车去上班等。此类场景业务创新的关键在于服务整合和数据整合，为个人用户提供无缝衔接的数字化服务。

人口密集空间的场景。在现代社会生活中，有大量人口密集空间的场景，比如体育场、博物馆、演唱会、马拉松比赛现场、写字楼，这些空间上的特点是人口分布按照时间的规律动态变化，以及某种行为属性的共通性和共同性，比如，写字楼里都是从事某种行业的白领，体育场的赛事观众是某支球队的球迷。此类场景的业务创新集中在人与人的互动、实时的数据分析方面。

机器设备密集的场景。现代制造企业的车间是典型的机器设备密集场景，此类场景对业务的需求主要是可靠性和稳定性，此类业务创新活动集中在网络质量上。

时间敏感型的任务场景。时间敏感型的任务场景主要是需要在既定时间之内完成响应的任务场景。比如自动驾驶过程中，车辆的实时决策、公共紧急事件的应急响应、重大事件的关键决策、工厂生产的实时控制等。此类业务创新的关键是提供全景式的数据分析、实时的网络通信、人与机器的智能互动、设备的智能化程度等。

空间敏感型的任务场景。人和机器行动的范围和权限一般会与空间范围紧密相关，比如，是否允许进入某个空间，或者是否能够访问某个位置的数据，都属于空间敏感型的任务场景。此类业务场景的创新关键是实时的位置能力、对空间的安全防护能力以及精准的地图能力。

连接与计算型业务创新活动

个人存储业务的5G创新

个人存储业务的创新是非常典型的连接需求，这是与计算需求同时发生的业务。

5G的到来为个人云盘市场排名第三的中国电信弯道加速提供了新的机会，不过，前提是要发挥纵向整合优势，在5G业务体系中重新定义其战略位置，并创新更多“生于5G”的功能，以及连接力、算力和应用的创新整合。

2019年4月26日，中国电信在深圳召开5G创新合作大会，其中有一个不能忽略的细节：天翼云盘是5G相关系列产品之一，中国电信宣布推出天翼云盘5G极速版，新版本以5G网络下的“极速体验”为卖点，在文件传输、在线图片编辑、视频播放等场景下打造差异化竞争力。

5G不同于4G，具有“两高一低”的特性，即高带宽、高密度、低延时，分别对应面向个人的eMBB、mMTC和uRLLC。其中在eMBB类业务中，5G可以提供超过4G十倍以上的速率体验。

天翼云盘是中国电信推出的个人及家庭存储服务产品，定位为“个人与家庭数据中心”，旨在为用户提供极速安全、多端同步、家庭共享的统一云服务，行业内对标的产品主要有百度网盘、华为网盘、腾讯微云等产品。

中国电信选择天翼云盘作为5G首发业务之一，是一种更加“实用主义”的选择，符合中国电信一贯的风格：

1.从竞争优势来看，天翼云盘属于运营商系中唯一能够与百度网盘、腾讯微云分庭而立的个人数据和存储服务产品。持续的耕耘和产品发力向全部用户开放等特性使天翼云盘拥有了自己的竞争优势。

2.从产业结构来看，选择天翼云盘是为5G用户提供一种具有底层基础设施特性的服务产品。带宽的增长必然带来数据的增长，用户对存储和计算的需求也必然会增长，天翼云盘5G极速版就有点从产业链底层快道超车的味道。

3.从痛点需求来看，文件数据、图片编辑、视频播放，都是生于4G的痛点功能，受限于网速，始终无法突破体验瓶颈。5G极速版从痛点出发，实用主义者的姿态跃然纸上。

5G如何改变云盘业务体验

5G带来的改变是一种质的变化，我称之为“解耦性替代”，即有线网络向无线网络大规模迁移，有线接口被无线网络解耦。举两个例子就很容易理解到底什么是“解耦性替代”了。云盘的出现替代了USB接口，使得存储从个人移动硬盘和U盘迁移到云盘；实时控制要求极高的工业现场控制将被5G的uRLLC解耦，大量的现场控制功能将向边缘计算服务和云端服务迁移。天翼云盘5G极速版主打三大差异化功能：极速传输、照片编辑、视频播放和家庭相册，将会对场景下的产品产生“解耦性替代”。

一是极速传输带来的“大文件秒传”能力将刺激高清视频内容的分发与共享。天翼云盘测试数据显示，上传2GB的高清电影，整个过程只需1秒钟。随着携带有4K摄像头和显示屏的设备越来越多，这种大文件秒传将使用户随时随地地共享和访问4K、8K甚至未来16K的视频成为可能。基于手机周边的外设存储卡将被解耦替代。

二是极速传输带来的“高清带宽”能力将推动视频播放进一步向小屏迁移（移动终端）。4K和8K高清的大屏幕手机已经成为主流终端，成为用户创造内容（UGC）领域高清内容的生产和播放设备。5G的高清带宽以及移动终端的数据访问具备随身、随时、随地性，这将使小屏在视频播放领域占据主导地位，人们会更多地把眼睛从PC和电视屏幕上移开，同时也将在很大程度上影响视频领域的分发、广告、制作格局。

三是在线图像超强的计算处理能力将使图像处理能力向云端迁移。在5G极速版中，天翼云盘提供的照片编辑功能正是基于此。在这个功能中，用户可对云盘照片进行裁剪、翻转、滤镜处理、社交分享等操作。图像云端处理与操作在5G环境下将不再受限于网络速率，不像在4G环境下用户无法实时看到处理效果那样。如果考虑人工智能的因素，我认为，未来图像的处理算力将快速向云端迁移，因为移动终端的计算能力与云端相比不成比例，复杂的图像计算在云端完成更具有经济性、实时性和领先性，这就是5G带来的好处。

5G稍微挥动了一下蝴蝶的翅膀，运营商系的天翼云盘在功能上迈出了一小步，或许就将引起一场在云盘领域格局变动的风暴。艾瑞的研究报告也显示，驱动中国个人云盘用户增长是中国宽带战略的实施和4G网络大规模普及以及云盘带来的“高效地上传、下载和管理数据，用户体验得以持续优化”的结果。

5G时代的云盘将使个人用户对数据的访问达到一种新的普遍服务的自由状态——“任何时间、任何地点、任何设备”。这种自由状态将会对两个场景产生结构性影响：

一是社交场景。目前，微信、微博、抖音等社交软件，其内容将趋于高清，同时时长将增加，从秒级变为分钟级。

二是家庭场景。目前，天翼云盘推出的家庭相册功能，以“爱和亲情”为主题，将使家庭数据中心向云端迁移，散落在家庭成员和多个设备上的照片将汇聚到云端。此前，天翼的用户已经可以通过添加天翼看家智能摄像头，实现实时监控、远程控制、双向语音等服务，打通了家居安防场景。

综上，我们可以推论，在4G时代出现的功能，比如极速传输、照片编辑、家庭相册等，在计算与连接两种能力融合之后，将为用户提供新体验。理解用户的新体验要放到对行业的影响，我们可以应用“解耦性替代”的方法。艾瑞的报告也认为“家庭场景中智能设备产生数据的增加，让产业的下游从个人用户进一步向家庭用户延伸”。

5G将如何影响个人云盘行业结构

在个人云盘行业有三大派系，分别是互联网系，以百度网盘、腾讯微云为代表，他们利用生态应用整合优势，在云盘行业居于领先地位，其中百度网盘居于整个行业的龙头地位；终端厂商系，以华为云服务、小米云服务为代表，利用手机入口优势，整合通信录备份，为差异化点发力个人存储市场；运营商系，以天翼云盘为代表，利用网络和生态优势在云盘领域占据一席之地。

5G时代的到来，我们应该注意到会影响行业结构的基本小趋势：一是用户向移动端大规模迁移，这是带宽自由之后的必然结果；二是云端在线图像处理功能将不断丰富，这是人工智能普及的结果，大量的计算功能由云端提供；三是数据向云端大规模汇聚，这是从个人设备到家庭设备大规模联网的结果，数据安全将日益被关注。

以此而论，互联网系和运营商系各有千秋，而拥有纵向整合优势的运营商系云盘或许还有较大的发展空间。纵向一体化的优势是由竞争战略大师迈克尔·波特提出的，企业如果能够在具有上下游关系的业务单元之间实现纵向一体化，那么就能够形成区别于对手的竞争优势。我们可以通过一张表格来分析主要云盘玩家的纵向整合竞争力：

厂商	网络	独特性功能	安全	生态
百度网盘	基于运营商网络或者Wi-Fi	在线预览、照片智能分类	安全存储	百度系自有生态应用整合
腾讯微云	基于运营商网络或者Wi-Fi	照片智能备份、在线办公、文档处理	提供传输、存储和隐私保护	腾讯系自有生态应用
天翼云盘	基于5G等网络的专属加速通道	在线图片编辑、视频播放、家庭相册	传输全程加密防钓鱼、防盗更安全可靠	1亿+宽带用户生态效应摄像头、TV等智能家居设备场景协同

美国学者普拉哈拉德（C.K.Prahalad）和哈默尔在核心竞争力中指出，企业的核心竞争力需要符合四个标准，即价值性、稀缺性、不可替代性和难以模仿性。以云盘类业务的纵向一体化方面为例，云盘可以通过纵向整合，建立某种竞争的独特性，包括：

1.整合5G网络优势，为用户提供更优质的体验，比如天翼云盘发布的5G极速云盘版本，实际上是利用了运营商在5G上的先发优势，此前，天翼基于网络整合的加速通道服务也是一个例子。

2.整合资费、流量、内容，构建一体化内容服务模式，解决用户对成本和体验的双重关注，比如5G下的高清视频在线播放服务的成本问题。在这方面，运营商的各种王卡业务取得成功已是例证。

3.电信级服务质量（5个9）的数据安全性是运营商系云盘难以被模仿的独特优势，比如国家天文台采用中国电信天翼云的超算中心服务，整合并分析海量高速存储数据和高速计算单元，为中国天眼（FAST）提供技术保障，这就是一个例证，这是电信级服务质量的一个体现，也只有运营商能够做到。

以单纯的功能而论，无论是基于人工智能的图片编辑处理、分类，还是在线解压缩、办公文档在线编辑，单个点都很难构成独特的竞争优势。但是在5G时代，个人和家庭的数据将以指数级的规模增长。在此情况下，安全且高等级的数据管理能力、无缝切换的数据访问和资料在线处理能力以及以个人场景为中心的多终端设备联动能力，将是影响行业竞争结构的关键痛点要素。也就是说，云盘市场的竞争将从此前的免费空间的大小和应用功能向产业底层转移。连接、存储、计算整合将为运营商系的天翼云盘获得更多的市场份额，尤其是在具备大文件管理、海量数据安全管理以及在线视频图片处理的领域和家庭场景中拥有显著的独特性竞争优势，这部分市场或许将向运营商系云盘迁移。

个人云盘业务对5G时代商业模式创新的价值

笔者曾提出，5G时代有三大基本商业模式：基于流量的商业模式、基于切片的商业模式、基于平台的商业模式。其中，在基于流量的商业模式中，存储和计算是流量之外的另外两个构建基于流量的商业模式的基本要素。

从业务结构上来看，云盘业务恰恰是完全包含这三个基本要素的完美业务。中国电信在2019年4月26日选择天翼云盘作为5G的首发业务之一，从某种意义上来说，是“Hello 5G，赋能未来”战略的落地动作。这不只是前文所述的基于对现状的考量，也是一种面向未来，探索5G商业模式的创新考量。以数据存储为基础，通过整合计算和生态，天翼云盘或许将为中国电信的5G战略提供一种底层逻辑出发的核心动能，我们可以从三个角度理解：

一是5G的解耦性替代使本地化的、分散的终端数据向云端迁移。云盘产品就能处于5G时代的个人数据基础设施的地位，对运营商而言，这种基础设施具有可运营的价值，且具有天然的管道整合性战略价值。

二是价值增长来源。云端协同的算力融合、算力与大带宽的融合将会推动用户愿意付费的应用创新，为中国电信的用户价值运营带来新的机会。

三是海量数据的云盘产品将处于嫁接运营商用户与生态，打通商业价值的桥梁地位，具备一定的平台性功能，整合内容处理、分发能力的算力服务。对于运营商构建5G生态，尤其是打通个人与家庭场景的生态，具有一定的基础平台性，虽然云盘并不算严格意义的平台。

毫无疑问，带宽越大，设备越多，数据越多，人均数据产生量和处理量会越来越多，安全性要求也会更高。5G时代重新定义产品，创新生于5G的功能，重新定位自己的基础性价值，对云盘产业来说是一次机会，对运营商来说，也是新的机会。

后记

2019年10月31日，中国三大电信运营商在北京共同宣布了5G正式商用的消息。从6月6日发放5G商用牌照到正式商用，短短四个月的时间，中国就完成了5G关键事项的准备。对各行各业来说，2019年是一个关键的开始，每个人都在思考5G的影响意味着什么。因为我们都知道，每一次重大的技术变革，都是一个商业全新洗牌的关键时刻。从蒸汽机到电力，到互联网，到今天的5G，多少大公司转瞬之间因为没有抓住机会而被人们遗忘。

写作这本书，完全是一个巧合，是一个偶然。我的编辑张缘老师在一位朋友的推荐下来询问我是否可以转载一些我写的关于5G的商业模式的文章。在沟通过程中，彼此都觉得非常有必要写一本关于5G的书来帮助公众更好地理解5G，更好地抓住5G的机会，不要错过5G这个大风口，于是就有了这本书。在撰写过程中，我发现无论选择哪个行业，都是一个艰难的过程，因为5G几乎对每个行业都将产生巨大的影响，我只好选择一些我认为重要的行业去展开分析。但这并不是说其他行业不重要，没有出现在本书中的行业也很重要。为此，我提供了一个通用的分析5G如何在垂直行业产生应用，以及将创造出哪些商业机会的框架，我想这个框架具有一定的普遍性和工具价值。在写作的过程中，我自己也在尽量地使用这个框架进行思考，也算是我为5G与垂直行业融合过程中提供的一个方法论吧。我始终认为，方法论远比具体结论更重要，所谓“授之以鱼，不如授之以渔”。这本书也是一本向战略大师迈克尔·波特致敬的书，迈克尔·波特的竞争战略三部曲对我影响深远，在这本书中，你会发现很多这样的痕迹。

这本书的写作是在工作之余完成的。繁忙的工作有时候压得我喘不过气来，我的夫人周宏女士为我提供了大量的帮助。可以说，没有她的帮助，我不可能完成这本书的写作，她为我搜集案例，逐字逐句地修订，常常熬到深夜，还要照顾孩子们的学习和生活，这种辛苦是常人所难及的。更为关键的是，她在英国留学期间的所学所见在专业上为我提供了更有见地的观点和内容，本书很多内容都是周宏女士撰写的，在这方面，她也是我的良师益友。

本书某种意义上是一个指南或者说工具。作为一名在信息通信行业有着超过十五年经验的行业老兵，在写作的时候，我是站在行业的角度去思考和勾画的。因为5G的普及最重要的是5G的使用者能够认识到5G对自己的价值以及如何应用5G，这需要写作者能够站在使用者的视角，而不是5G的技术视角来写下自己的文字。这对我来说是个不小的挑战，在各个行业的专家面前我还是一个不断学习的小学生，希望所思所想能够对行业的数字化有所帮助，那我就知足了。

参考文献

【1】边缘计算参考架构（3.0）http：//www.ecconsortium.orG/Uploads/file/20190225/1551059767474697.pdf

【2】https：//www.pgs-soft.com/blog/digital-twin-explained-the-next-thing-after-iot/

【3】https：//openlm.com/blog/creating-digital-twins-for-smart-cities-the-race-is-on/

【4】https：//www.information-age.com/gartner-digital-twins-123479330/

【5】https：//www.nrf.gov.sg/programmes/virtual-singapore

【6】https：//www.smartcitiesworld.net/news/news/digital-twin-created-for-new-indian-smart-city-3674

【7】https：//cityzenith.com/smart-world-pro-digital-twin-smart-city-india/

【8】https：//eandt.theiet.org/content/articles/2019/01/

digital-urban-planning-twins-help-make-sense-of-smart-cities/

【9】https：//atelier.bnpparibas/en/smart-city/article/cities-digital-double

【10】https：//www.afconsult.com/en/newsroom/future-cities-blog/future-cities-blog-5-smart-cities-and-intelligent-twins--can-we-create-digital-versions-of-the-city/

【11】https：//www.siradel.com/engie-acquires-siradel/

【12】https：//blogs.microsoft.com/iot/2018/09/24/announcing-azure-digital-twins-create-digital-replicas-of-spaces-and-infrastructure-using-cloud-ai-and-iot/

【13】信通院《数字孪生城市研究报告（2019）》

【14】https：//www.opengeospatial.org/standards/citygml#links

【15】https：//www.3dcitydb.org/3dcitydb/citygml/

【16】http：//map.sheitc.gov.cn/index.html

【17】https：//medicalfuturist.com/5G-in-healthcare-boosting-telehealth-vr-connected-health/

【18】http：//www.hitl.washington.edu/projects/vrpain/

【19】https：//medicalfuturist.com/iot-in-hospitals/